制造业先进技术系列

深松铲减阻耐磨仿生技术

张金波 著

机 械 工 业 出 版 社

深松铲仿生减阻耐磨结构是受到自然界中某些生物具有减阻耐磨特征的身体结构或器官的启发,并基于仿生学原理而设计的,本书系统地介绍了深松铲减阻耐磨仿生技术。其主要内容包括:绪论、仿生减阻耐磨深松铲设计制造、仿生棱纹形几何结构耐磨深松铲刃磨料磨损试验研究、深松铲耕作阻力试验研究、深松铲田间耕作试验研究、深松铲土壤耕作过程离散元模拟分析、深松技术装备研究现状及发展趋势。本书是作者多年来研究工作的系统总结,书中的农业机械仿生学思想可以为解决农业生产实际问题提供很好的借鉴和帮助,具有较高的学术参考价值和实践应用价值。

本书可供仿生学和农业工程领域的科研人员、技术人员使用,也可供相关专业的在校师生参考。

图书在版编目 (CIP) 数据

深松铲减阻耐磨仿生技术/张金波著. —北京:机械工业出版社,2024.8

(制造业先进技术系列)

ISBN 978-7-111-75911-9

Ⅰ.①深… Ⅱ.①张… Ⅲ.①农业机械 - 深耕 - 减阻 - 耐磨性 - 仿生 - 研究 Ⅳ.①S220.1

中国国家版本馆 CIP 数据核字 (2024) 第 105930 号

机械工业出版社 (北京市百万庄大街 22 号 邮政编码 100037)
策划编辑:陈保华 责任编辑:陈保华 王春雨
责任校对:张爱妮 张 薇 封面设计:马精明
责任印制:刘 媛
北京中科印刷有限公司印刷
2024 年 8 月第 1 版第 1 次印刷
169mm×239mm・13.25 印张・257 千字
标准书号:ISBN 978-7-111-75911-9
定价:99.00 元

电话服务 网络服务
客服电话:010-88361066 机 工 官 网:www.cmpbook.com
010-88379833 机 工 官 博:weibo.com/cmp1952
010-68326294 金 书 网:www.golden-book.com
封底无防伪标均为盗版 机工教育服务网:www.cmpedu.com

序

深松作为少耕、免耕农作的一种重要模式，在世界范围内得到了广泛的应用。深松可以打破犁底层，使耕作层变厚，提高土壤的通透性和蓄水保墒能力，起到保持水土、防止土地退化的作用，可大幅提高作物产量，尤其是深根系作物的产量。在深松耕作过程中，有两项关键技术难题一直未能得到很好的解决：一是耕作阻力过大而导致能耗升高，二是深松触土关键部件磨损失效快而导致其使用寿命缩短。这两项关键技术难题均会造成农业生产成本增加，对于增加农业收入，建设节能降耗、可持续发展的现代化农业不利。因此，解决上述难题对于合理利用农业资源、提高农作物产量、降低生产成本、改善生态环境、加快传统农业技术改造与发展现代化都具有重要的现实意义。

解决深松耕作阻力过大问题的传统方法一般包括：采用振动深松模式、分层深松，以及对深松部件进行结构优化设计等。提高深松触土部件土壤耐磨性的方法主要有采用耐磨材料、特殊的热处理工艺、现代表面技术及涂层技术等。近几年，随着仿生技术的发展，其工程应用已经渗透到机械、电子、农机、矿山、航空航天、油气资源勘探等各个生产领域，尤其是在农业工程中的应用，解决了许多常规方法无法解决的技术难题。农业机械仿生减黏降阻技术、农业机械仿生黏附技术及农业机械仿生耐磨技术等均已取得丰硕的研究成果，并已应用于农业生产。这不仅为解决农业生产问题提供了有效的方法和手段，同时也丰富了农业工程领域的研究内容。

张金波所著《深松铲减阻耐磨仿生技术》一书基于仿生学原理，对深松铲减阻耐磨仿生技术进行了深入系统的研究。作者将土壤洞穴动物小家鼠爪趾高效的土壤挖掘特性应用于深松铲减阻结构设计，实现了降低深松耕作阻力的目标，且减阻效果显著；将水生软体动物栉孔扇贝和土壤洞穴动物穿山甲体表鳞片表面的棱纹形几何结构应用于深松铲刃的耐磨设计，使深松铲刃的耐磨性显著提高，延长了其使用寿命；利用离散元法对深松铲与土壤接触的力学特性进行了模拟分析，进一步证明了结论的正确性。作者多年来一直从事农业机械的减阻耐磨性研究，特别是将仿生学原理与之相结合进行了深入系统的分析。作者对国内外农业机械减阻耐磨仿生技术的研究现状、前沿及最新动态较为了解，且对未来的发展趋势具有准确的把握。本书是作者多年来研究工作的系统总结，对于相关研究领域的科研人员具有重要的学术参考价值和实践应用价值。

值此《深松铲减阻耐磨仿生技术》出版之际，我愿意将本著作推荐给从事相关研究应用的广大科技工作者，并希望有更多的相关著作问世，以繁荣学术研究，促进我国农业机械研究与应用的发展。

佟金

前　言

近年来，关于仿生学的研究内容和成果十分丰富，而农业工程领域的研究成果相对较少。仿生学的研究成果很大一部分可以用来解决农业生产实际问题。因此，关于农业工程的仿生学应用研究业已成为农业工程领域的研究热点。本书所著内容是作者多年从事仿生学与农业工程相结合研究的成果，主要针对典型农业机械触土部件——深松铲在使用过程中存在的工作阻力大和磨损失效快这两个核心问题开展研究工作。耕作阻力大必将使拖拉机的油耗升高，磨损失效快将导致部件使用寿命缩短。这两个技术难题不解决，都将大大增加农业生产成本。本书作者及其团队突破传统的设计理念，将仿生学原理应用于深松铲的减阻耐磨性结构设计。作者的前期研究发现，自然界中某些生物（如土壤洞穴动物穿山甲、水生软体动物贝类等）的体表组织或器官具有优异的减阻耐磨特性，这些特殊的组织器官所表现出的良好减阻耐磨性能可以被用于深松铲的减阻耐磨性结构设计。经过多年努力探索，作者终于开发研制出一种带有特殊结构的仿生减阻耐磨深松铲。与传统深松铲相比，在不额外增加制造成本的前提下，仿生减阻耐磨深松铲的作业阻力大大降低，耐磨性显著提高。这一研究成果不仅丰富了仿生学的研究内容，同时也为解决农业工程领域的实际问题提供了新的思路和方向。

从仿生生物原型的选定到深松铲减阻耐磨结构设计，再到最终完成产品的制造，本书对全过程进行了系统的阐述。全书共7章，主要内容包括：绪论、仿生减阻耐磨深松铲设计制造、仿生棱纹形几何结构耐磨深松铲刃磨料磨损试验研究、深松铲耕作阻力试验研究、深松铲田间耕作试验研究、深松铲土壤耕作过程离散元模拟分析、深松技术装备研究现状及发展趋势。本书既可作为从事仿生学和农业工程研究的科技工作者的参考书，亦可作为高校相关课程的教学参考书。

在本书编写过程中，作者得到了有关单位及教师的大力支持与帮助，并得到了业内专家、学者及同行的热忱指导。参与本书资料收集与整理工作的有：梧州学院机械与资源工程学院钟山教授、谢开泉教授、马渝钊老师、许胜焱老师、林达濠老师、陈晓昀老师、段家现老师、冯静老师、颜克春老师。吉林大学生物与农业工程学院及佳木斯大学机械工程学院的很多老师对本书的理论分析及试验部分给予了大力支持。在此，作者一并表示衷心的感谢。

由于作者水平有限，书中的缺点和不足之处在所难免，敬请广大读者批评指正。

张金波

2024 年 5 月

目　　录

第1章 绪 论

1.1 研究目的及意义

深松作为少耕或免耕农作的一种重要作业模式,已经在全世界范围内得到了广泛的应用。深松可以打破坚硬的犁底层,使耕作层变厚,增加土壤的透气性和透水性,改善作物根系的生长环境。在进行深松时,由于只松土而不翻土,不仅使坚硬的犁底层得到疏松,达到调节土壤三相(固、液、气)比、创造虚实并存的耕层结构、减轻土壤侵蚀的效果,而且还使耕作层的肥力和水分得到提高。因此,深松技术可以大幅增加作物的产量,尤其是深根系作物的产量,是一项重要的增产技术。在深松耕作过程中,有两大技术难题一直未能得到很好的解决:一是耕作阻力过大而导致能耗升高,二是深松触土关键部件磨损失效快而导致其使用寿命缩短。上述问题不仅使深松作业的成本显著增加,同时也制约了深松耕作模式的进一步推广应用。深松铲是深松作业的关键部件,其工作性能直接决定深松后的土壤质量和深松耕作的作业成本。深松铲由铲刃和铲柄组成,其中铲刃的失效形式主要有断裂和土壤磨料磨损,铲柄的失效形式主要是断裂和变形。无论哪种失效形式,最终的结果都将导致深松铲工作效率降低,甚至报废而无法使用。

土壤对深松铲刃的磨损属于磨料磨损,这也是导致其失效的主要形式。磨料磨损指的是由于坚硬颗粒物或硬质微凸体对接触表面的犁削或刮削作用,使材料从固体表面剥落或推挤出沟槽而引起的一种磨损形式。在所有的磨损形式中,磨料磨损所占比重较大。磨料磨损广泛存在于工业、农业、矿山、化工、冶金、粮食加工等行业生产中。例如,在农业土壤作业机械中,犁、铧、深松铲、旋耕刀片、开沟器等与土壤的接触磨损;煤粉、砂石、混凝土等与装载机械工作部件接触产生的磨损;水力发电机组中水轮机叶片与水沙石的接触磨损;建筑工程机械中搅拌机内物料在其内部的运动对内壁的磨损;环保吸尘设备与灰尘颗粒的接触磨损;粮食颗粒对烘干、筛选、加工等机械设备的磨损等。磨料磨损不仅影响了上述接触部件的工作性能,而且极易因磨损而导致接触部件的失效和报废。

深松耕作阻力大是导致深松作业生产成本居高不下的主要原因之一,同时对牵引拖拉机的功率输出也提出了更高的要求。没有大功率拖拉机作为牵引机,深松作业便无法进行，即使勉强作业，其作业质量也远达不到农艺要求，如作业深度不够。而目前我国大功率拖拉机的制造水平有限，这就在一定程度上限制了深松技术的推广应用。因此，在没有大功率牵引机械制造技术作为支撑的前提下，必须要开辟新的途径来促进深松作业模式的推广应用。其中，寻求减小深松耕作阻力的方法和途径已然成了近年来农业机械科技人员的一个重点研究内容。目前，减小深松耕作阻力的方法有很多，比较典型的有如下几种：

1）振动式深松作业模式。这种深松作业是依靠拖拉机输出轴带动偏心机构，为铲体提供一定频率的振动，依靠铲体在土壤中的横向或上下振动，减小土壤与铲体的黏结力，从而降低了深松铲的耕作阻力，节省了拖拉机的功率输出。

2）分层深松。这种形式的深松铲机被设计成前后两只铲纵向排列作为一组，两铲具有一定的高度差，当进行深松作业时，前铲深松一定的深度，最终的作业深度由后铲保证。这样既减小了对土壤的扰动，同时也在一定程度上减小了深松阻力。

3）对铲的结构参数进行优化设计（如铲柄结构形式）。传统的深松铲柄破土刃口曲线为圆弧或直线形状。研究表明，通过改变破土刃口曲线的形式，可在一定程度上减小耕作阻力，如采用复合形态铲柄、钩形铲柄、仿生弧形铲柄及复杂曲线形深松铲柄等，均可显著减小深松铲的耕作阻力。另外，采用通径系数法探讨深松铲关键参数与牵引阻力的关系，可以为以降低深松铲耕作阻力为目标的深松铲优化设计提供理论依据。

近几年，仿生学的发展为农业机械技术领域的创新和科技进步注入了新的活力。仿生技术在机械上的应用也变得越来越广泛，并取得了丰硕的研究成果，例如，以减小土壤对触土部件的黏附和减小耕作阻力为目的的仿生防黏减阻技术，以减小土壤等散体物料对接触部件或表面磨损为目的的仿生耐磨技术，以增大摩擦和附着性能为目的的仿生黏附技术；以减低噪声、保护环境为目的的仿生减阻降噪技术，以减小工作环境中液体、固体、气体对部件或表面腐蚀作用为目的的仿生耐腐蚀技术，以减小切割阻力、提高工作效率为目的的仿生刀具切削技术等。

自然界中的生物经过35亿年的演变，其身体已经进化出了优良的功能和特殊的几何结构组织器官，这些功能和器官为农业机械仿生设计提供了重要的启示。根据生物体表耐磨几何结构及其挖掘器官的高效挖掘特性进行的深松铲减阻耐磨仿生研究，对农业技术领域而言具有重要的实际意义和科学价值。提高深松铲的耐磨性并减小其深松耕作阻力，不仅能够减小农业生产成本、节本增效，同时还可以推动我国农业耕作机械的发展，这对促进农业的科技进步具有现实意义，研究成果将丰富农业工程仿生学的研究内容。

1.2 农机触土部件的磨损与耐磨性

在深松铲、犁铧等典型农机触土部件的工作过程中，常因零部件失效而无法继续使用，其中触土部件与土壤接触而导致的磨料磨损失效占很大比重。长期以来，国内外的技术人员一直在寻求行之有效的方法，来避免触土部件因磨损过快而导致失效的技术问题。

1.2.1 磨料磨损

磨损存在于所有的机械运行和工作过程之中，且无法避免，只能通过技术手段减小其作用程度。同时，磨损也时时刻刻存在于人们的日常生活之中，与每个人息息相关，那么何谓磨损？1953 年，德国的工业标准 DIN 50320 对"磨损"给出了具体的定义："物体由于机械作用，表面产生微小的颗粒脱落，从而造成表面不受欢迎的改变。"这一定义在以后的很长一段时间饱受争议，因为在日常生活中，"磨损"并非全部都是"不受欢迎的（有害的）"改变，例如，新装配的机械零部件就需要在最初的运转过程中借助"磨损"而达到自然修整的目的；人们使用的刀具也需要磨损来使其锋利；在自然界中，有些动物（如啮齿类）也需要借助磨损来使其牙齿保持锋利，并维持在正常尺寸范围内而不致因生长过长而无法生存。因此，在 1979 年，DIN 50320 对"磨损"进行了重新定义："固体材料由于与其他气态、液态或固态物体相对运动，造成表面材料的持续损耗。"这里的"表面材料的持续损耗"被 DIN 50320 定义为"磨损量"，其倒数被称为"耐磨性"。磨损造成的损失十分巨大，根据 2004 年底中国工程院和国家自然科学基金委员会共同组织的摩擦学科学与工程前沿研讨会的资料显示，磨损损失了世界一次能源的 1/3，机电设备 70% 的损坏是由于各种形式的磨损而引起的；2004 年，我国的国内生产总值只占世界的 4%，却消耗了世界上 30% 以上的钢材；我国每年因摩擦磨损造成的经济损失在 1000 亿元人民币以上，仅磨料磨损每年就要消耗 300 多万吨金属耐磨材料。美国曾有统计，每年因磨损造成的经济损失占国民生产总值的 4%。以上数据表明，"磨损"在工农业生产和日常生活中扮演着重要角色，因此如何有效地避免磨损现象的发生已成为世界性的研究课题。

20 世纪 50 年代初的文章和专著中一般把磨损分为四大类，即黏着磨损、磨粒（磨料）磨损、疲劳磨损和腐蚀磨损。磨料（磨粒）磨损是磨损中的一种典型形式，欧洲经济发展与合作组织（OECD）对磨料（磨粒）磨损所下的定义为"由于硬颗粒或硬微凸体的作用而造成物料转移所致的磨损"，并且添加了以下

两个注释:

1) 划伤磨料磨损（scoring abrasive）: 由于相对运动的两个表面之间存在硬颗粒，或者由于相对运动的两表面中，至少一个表面上存在微凸体所造成的磨损。磨料颗粒可能镶嵌在一个表面上，如某种金属材料中存在硬而脆的第二相质点，剥落后留在两表面之间，这种"自由"颗粒可能对两表面都造成划伤。划伤磨料磨损可能发生在干摩擦中，也可能发生在有液体的摩擦中。

2) 磨料冲蚀（abrasive erosion）: 在固体表面流动的液流中的固体颗粒的相对运动对材料所造成的磨损。

后来也有人提出，将磨料磨损分为两体磨料磨损和三体磨料磨损。随着对磨料磨损研究的不断深入，对磨损过程的本质有了进一步的认识，越来越多的学者认为，对磨料磨损的分类，如果不抓住磨屑的形成过程，也就不能抓住其主要矛盾。磨料磨损是一种磨损方式，而不是一种磨损机理。如果按照磨料磨损的机理分类，可以分为显微磨损、疲劳磨损、脆性断裂或脱落磨损、腐蚀磨损和熔化磨损。

铲刃、犁铧等的磨损即属于磨料磨损（abrasive wear），其实质是坚硬的土壤颗粒对触土部件表面产生刮削或犁削作用，从而导致部件表面材料出现犁沟或剥落，发生磨损。土壤对农机触土部件的磨料磨损导致其入土困难，增加了能源消耗。

目前，针对土壤对触土部件表面的磨料磨损的研究范围和内容正在不断地拓展，并逐步呈现出机械、材料、化学及表面技术、热处理技术、激光技术等多学科、宽领域交叉融合的特点。

1.2.2 农机触土部件的耐磨性

我国从 20 世纪 80 年代初开始对农机触土部件的表面磨损作用及磨损机理进行系统的研究。初始阶段主要是利用金相技术和大量的室内和田间试验，对磨损后的触土部件进行磨损表面的显微组织观察，并分析部件的磨损机理和失效形式，为下一步寻求如何提高磨损表面的耐磨性提供技术支撑。采用的方法主要有以下几种:

1) 采用耐磨材料（如 65Mn、60Si2Mn、30MnB5、65SiMnRE 等）加工制造部件。

2) 对触土部件磨损表面进行特殊热处理。随着热处理工艺技术的飞速发展，人们开始研究如何通过热处理工艺对耐磨钢材料的触土部件进行等温淬火、渗硼、渗碳等热处理，以提高深松铲、犁铧等部件的使用寿命。高原等人在 Q235 钢表面渗入钨、钼、钇和碳，实现表面合金化，并辅以特殊的淬火和回火工艺以强化表面合金层的性能，测试结果表明，材料显示出良好的耐磨性。王小明等人采用特殊的热处理工艺对 65Mn 钢卷进行了处理，获得了可用于加工输送混凝土和砂浆的 65Mn 超耐磨钢材。邢泽炳等人在 20 钢表面进行渗碳、淬火及低温回火等热处理工艺，获得了与基体材料结合良好的耐磨层，使材料的耐磨性提高 5 倍。何乃如等人利用 CO_2 气体激光器对 60Si2Mn 样件进行了激光表面淬火处理，并进行了以苜蓿草粉为磨料的磨料磨损试验，结果表明，60Si2Mn 钢经激光表面淬火后，耐磨性提高了 84.2%。

3）在触土部件表面采用熔覆及涂层技术。近几年，随着表面强化、表面合金化等强韧化工艺技术的应用，农机触土部件的耐磨性得到很大提高，显著延长了其使用寿命。丛锦玲等人利用氧乙炔镍基合金粉末表面熔覆技术，在犁铧刃口表面熔覆耐磨合金层，结果表明，经过镍基合金粉末表面喷焊技术处理过的犁铧刃，其耐磨性及耐蚀性显著提高，使用寿命可提高 2~3 倍。高红霞等人采用消失模铸渗工艺、涂覆工艺，在犁铧表面制备 WC 颗粒增强钢基复合材料耐磨层，并分析了铸渗层的硬度及耐磨性，结果表明，犁铧的铸渗层耐磨性是基体的 2.97 倍。Muammer 等人在 30MnB5 钢表面利用电解法电镀厚度为 20mm 的硬铬镀层，化学方法制备 20mm 厚的镍，物理气相沉积法制备 4mm 厚的 TiN 层来增加犁铲刃表面的耐磨性，结果表明，硬质 TiN 样件的耐磨性明显高于其他两种样件。郝建军等人在农机刀具上应用预置法，在 Q235 钢基体上制备了 Ni60A 合金熔覆层，磨损试验表明，熔覆层耐磨性比常规淬火、回火处理的 65Mn 钢有所提高；在 65Mn 钢制作的灭茬刀具易磨损部位喷焊了 NiWC 合金抗磨涂层，磨损试验表明，喷焊 NiWC 合金灭茬刀具的相对耐磨系数比 65Mn 钢淬火、回火处理的有较大程度的提高；采用预置法在 65Mn 钢基体上熔覆镍基/碳化钨合金层，对比了熔覆层和 65Mn 淬火回火钢的耐磨性，结果表明，所制备的熔覆层耐磨性比正常淬火回火处理后的 65Mn 钢有所提高。

多年来，针对土壤对农业机械触土部件的磨料磨损研究主要集中在开发耐磨材料、表面技术及特殊的热处理工艺等方面。同时，科研人员对于磨料与摩擦表面的磨损机理分析也开展了大量的研究工作。

1.3 深松铲减阻技术

深松铲耕作阻力大不仅导致能耗升高，使农业生产成本大大增加，同时，也限制了深松耕作模式的推广应用。由于深松作业阻力大，必须要有大功率拖拉机作为动力源的保障，而目前我国大功率拖拉机的生产制造技术和能力有限，因此，如何降低深松铲的耕作阻力、节能降耗，促进深松耕作模式的推广应用已经成为当前农业耕作机械领域研究的重要课题。邱立春等人研制了一种弹性振动装置，应用于 1SQ – 127 型全方位深松机，组成了自激振动深松机系统，其工作原理是利用地表的不平和耕作阻力的变化实现深松铲的振动式作业，实地深松结果表明，机具减阻效果明显，松碎土壤效果好，改善了作业质量，为实现深松作业的节能降耗提供了一条新途径。王瑞丽等人设计了行间深松机，该机型采用两铲双层深松的模式，上层（前）深松铲的工作深度为 70 ~ 80mm，下层（后）铲最终保证实际要求的耕深，这种设计不仅保证了不伤作物的根系，同时有效地降低了深松的耕作阻力。张强等人设计了钩形深松铲，并与普通圆弧形深松铲在室内土槽实验室进行了耕作阻力的对比试验。利用 ANSYS/LS – DYNA 有限元分析软件对不同耕深、前进速度和铲型的减阻效果进行了数值模拟，结果表明，随着耕深和前进速度的增加，耕作阻力随之增大，而且实验室的耕作试验结果与有限元模拟结果一致。在耕深分别为 300mm、350mm 和 400mm 时，钩形深松铲分别减阻 24.1%、24.5% 和 26.5%，减阻效果显著。徐宗宝设计了振动式深松中耕联合作业机，该作业机由悬架、机架、缓冲部件、振动部件、深松部件、限深轮及中耕部件等组成，其中深松部件包括过载保护装置及深松铲。深松部件对称布置在机架主横梁两侧，深松铲横向间距为 1400mm，采用普通圆弧形深松铲柄和凿形铲刃。振动装置由一对带偏心块的齿轮轴组成，动力由拖拉机主传动轴提供，通过齿轮传动到从动轮，从动轮带动两个偏心块旋转产生振动，并最终将振动传递给工作部件。田间深松试验结果表明，该机具能够显著降低深松铲的耕作阻力，同时实现了深松、中耕、整地的连续作业，节约了能耗。

深松耕作的阻力主要来自两方面：一是深松铲打破犁底层时土壤对铲的阻力；二是破开地表层所受的土壤阻力，这其中就包括了一部分地面物（秸秆、根茬、杂草等）对深松铲的耕作阻力。朱瑞祥等人在原有立柱式深松机的基础上进行结构改进，在立柱深松铲的正前方 500mm 处加装圆盘片式开沟器，当深松机工作时，圆盘片先把深松铲前方的秸秆、根茬或杂草切断，然后深松铲再进行深松作业。田间耕作试验结果表明，深松机的耕作阻力、功率消耗和油耗均显著下降。同时，圆盘片对作物残茬、秸秆及杂草的切割效果明显，有效地解决了地面物对深松铲的阻碍和缠绕问题，作业后地表土壤松碎效果好，深松沟槽明显减小，降低了土壤水分蒸发，保持了土壤墒情。Shinners 等人设计了一种主被动式联合作业机，该作业机的主要工作部分由两个主动单元（主动旋转的轮）和两个被动单元（凿铲式工作部件）组成。主动旋转耕作部件的动力由拖拉机主轴连接锥齿轮减速器，再经链传动提供，由于其正向旋转，因此所需牵引力为负值，即它可以为机具提供一定的动力输出，因此，整个机组的牵引力大大降低。与装有四个被动工作部件的机具相比，主被动联合作业机的总功率输出下降

3.8%，总牵引力下降87%，牵引拖拉机的打滑率下降57%，发动机功率利用率提高34%以上，牵引阻力降低较为明显。张强等人设计了复合形态深松铲，并与普通圆弧形深松铲进行了实际耕作阻力对比试验。这种深松铲的主要特点是铲柄的破土刃口曲线为复合曲线形式。室内土槽耕作试验结果表明，与普通圆弧形深松铲相比，当耕深为 300mm、350mm 和 400mm 时，可分别减阻 44.77%、39.68% 和 34.16%，而且随着耕深和前进速度的增加，耕作阻力逐渐增大。利用有限元软件 ANSYS/LS – DYNA 对深松铲的耕作过程进行了数值模拟，结果表明，当耕深为 300mm、350mm 和 400mm 时，复合形态深松铲减阻 44.07%、43.71% 和 33.83%，这说明试验结果真实可靠，该铲的减阻效果比较明显。

以上是通过常规方法和手段来解决农机耕作过程中技术难题的实例。而自然界中生物所具有的某些特殊功能也为解决上述问题提供了很好的启示，这需要借助仿生学方法才能够实现应用。作为一门方法性学科，仿生学是连接自然界与工程实际应用的桥梁与纽带，它一经诞生便得到了迅猛发展，在许多科学研究和技术领域得到了广泛应用。

1.4 仿生学

从古至今，人类学习生物的某些行为和功能等来改造自然界的活动从未停止过。在很久以前，人类就已经从生物那里得到了发明创造的灵感。例如，春秋时期的鲁班根据草叶两边的小齿发明了锯；模仿小鸟形状，发明了飞鹞。人们学习蝙蝠回声定位原理发明了雷达；学习鱼借助摆动尾鳍推动其在水中自由游动，发明了船桨等。这就是仿生学的雏形，它是利用从生物界发现的机理和规律来解决人类需求的一门综合性交叉学科，是将自然界中生物系统的构造和生命活动过程作为技术创新的设计依据，并进行有意识的模仿和复制。

仿生学最早诞生于美国。1960 年 9 月，由美国空军航空局在俄亥俄州的空军基地召开了第一届仿生学会议，会议的中心议题是"分析生物系统所得到的概念能否被用于人工制造信息加工系统的设计"，"bionics"一词被首次使用，其希腊文的意思是"代表研究生命系统功能的科学"。仿生学的最初定义是"模仿生物原理来建造技术系统，或者使人造系统具有类似于生物特征的科学"，即"模仿生物的科学"，隶属于应用生物学的一个分支。仿生学的使命就是为人类提供可靠、高效、灵活、经济的类似于生物系统的技术系统。

近年来，仿生学又迎来了其发展的黄金时代，各工业发达国家纷纷强化了对仿生学研究的支持。欧洲相关单位组织"设计与自然（Design & Nature）"的系列学术研讨会，强调"学术界与工业界的交流与合作"；2004 年 1 月，在德国汉诺威举行了第一届仿生学国际工业会议（First International Industrial Conference Bionic 2004），各国的研究人员展示了多项关于仿生学研究的最新成果，如基于"荷叶效应"的不粘自清仿生表面等。在我国，20 世纪 50 年代，以中国科学院生物物理研究所在认知方面的研究最具代表性。1992 年，吉林工业大学建立了机械工业部"地面机械仿生技术部门开放研究实验室"，其中农业机械仿生研究是其主要研究领域之一。2003 年 10 月，中国科学院上海交叉科学研究中心主办了"Nature as Engineer and Teacher：Learning for Technology from Biological Systems"国际学术会议。2003 年连续召开了两次仿生学领域的"香山科学会议"，探讨我国仿生基础研究和仿生技术发展战略问题。在机械学科领域，与生命科学交叉渗透的仿生机械已成为其学科发展的重要方向之一，仿生机械和仿生制造是其中的两个重要方面。仿生机械研究内容包括：基于生物系统的仿生机构、仿生部件和仿生表面；基于生物功能的仿生运动、控制、传感、测量。

目前，仿生学研究已经渗透到了工农业生产的各个领域，包括农业机械领域。

1.5　农业机械与仿生学

将生物体表组织器官所具有的某些功能应用于农业机械的设计之中以满足工程技术需要，体现了仿生学与农业机械设计与制造的结合。生物经过 35 亿年的进化，其体表组织器官已经具备了最优的特征，而这些特征恰好可以为农业机械的仿生设计提供很好的借鉴。

1.5.1　农业机械仿生减阻技术

在过去的几十年，仿生学在农业机械领域的研究已取得巨大的成功。有一批科研人员投身于农业机械的仿生研究之中，研究团队具备了一定的规模。仿生学在农业机械方面的研究与应用也是国内仿生学研究起步较早的领域。其中，以吉林大学"工程仿生教育部重点实验室"为代表的研究团队做了大量的基础理论研究和实际应用工作，并取得了丰富的研究成果，其研究最初即是在以解决农业机械的技术要求为目的的基础之上开展研究工作，并逐渐开始向石油勘探、矿山、工程机械、航空航天及日常生活的各个领域拓展和延伸，而农业机械领域的仿生研究依然是其研究工作的最重要部分，尤其对于农业机械触土部件的防黏减阻研究，更是其研究工作中的重点内容。蜣螂一生都在与动物的粪便打交道，但在滚粪球的过程中，其体表丝毫不粘粪便；而蝼蛄本身就生活在黏湿的土壤环境中，身体表面也不粘泥土。基于上述特点，研究人员开始尝试将动物的这种"防黏"功能应用于农机触土部件的仿生设计之中。李建桥等人对蜣螂体表触土部位进行了仿生学研究，结果表明，这种几何结构表面具有良好的防黏减阻特性，在运动状态下，这种防黏减阻效果尤为显著。根据这一特性，设计了凸包形仿生犁壁，并在室内土槽和室外田间进行了耕作对比试验，结果表明，室内土槽试验的减阻率为 6.6% ~12.7%，仿生犁的阻力波动比普通犁的略大，由此显示出仿生犁壁的振动效果，且随着耕作速度的增加，降阻效果愈加明显，进一步证明了仿生犁壁在运动状态下仿生几何结构能够有效地减小界面的实际接触面积，从而使仿生犁具有显著的减阻效果；仿生犁的田间试验减阻率为 15% ~18%，节省油耗5.6% ~12.6%，且仿生犁的翻垡、碎垡率高，土壤耕作效果好。图 1-1 所示为臭蜣螂及其唇基表面形态和以此为仿生原型设计的仿生犁壁。

任露泉等人对与臭蜣螂推滚粪球关系最为密切的头部唇基表面进行了研究，发现具有凸起和凹陷的几何结构，同时凹陷内部有短刚毛，凸包高度约为 20μm，长 50 ~70μm，宽 40 ~60μm，平均间距为 100 ~200μm，呈点状分布。另外，对臭蜣螂的体表体电位进行了测量，其值因身体部位不同而有差异，其中头部唇基的体电位为 4 ~20mV。根据上述特征，设计了凸包形和条纹形仿生电渗推土板，并进行了实际推土作业对比分析，结果表明，在通电 12V 的情况下，仿生推土板与普通平板相比，能够降低推土阻力 15% ~41%，减阻效果显著。

含有一定量水分的散体物料对固体表面的黏附现象普遍存在于土方工程、矿山、煤炭、农业、粮食和食品加工等机械中，尤其对于农业土壤耕作机械的土壤黏附现象表现得最为突出。湿土壤与农机触土部件固体表面的黏附主要有两种表现形式：一方面是湿土壤与固体表面间形成的黏附阻力；另一方面是由于土壤与界面间黏附力的存在而导致土壤在固体表面的严重黏结。土壤在触土部件表面的黏附主要有两方面的原因：一是"界面水膜理论"认为，介质水是形成界面土壤黏附的主要因素；二是"界面吸附理论"认为，界面的物理、化学吸附力是引发界面黏附的主要原因。

湿润土壤与固体表面的黏附主要源于固体表面间水膜的毛细引力和黏滞阻力，这两种力是黏附界面间液体分子相互作用的宏观表现。对土壤黏附系统而言，黏附力随着接触面面积的增大而增大。当界面处于连续水膜接触状态时，黏附力随着界面水膜的厚度增大而降低。因此，减小其接触面面积或增加连续水膜厚度是两个降低土壤对固体表面黏附的有效途径。土壤对触土部件表面的黏附不仅导致作业质量和工作效率下降，而且会增大能耗，甚至损坏机具。随着我国农业机械化水平的不断提高，农业耕翻机械、精密播种机械、精密施肥机械、栽植机械、收获机械等的使用数量都在逐年增加，迫切需要行之有效的防黏减阻技术来改善其作业质量，提供工作效率。

a)

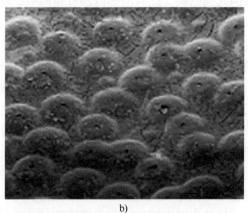

b)

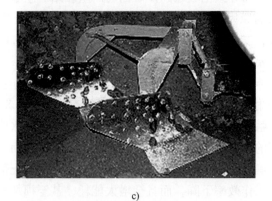

c)

图 1-1　臭蜣螂及其唇基表面形态和以此为仿生原型设计的仿生犁壁

a）臭蜣螂　b）臭蜣螂头部唇基表面形态　c）仿生犁壁

传统的防黏减阻技术研究一般都集中在机具防黏减阻结构的改进与设计。例如，传统的整地机械——圆盘靶，土壤对靶片表面的黏附不仅使机具的耕作质量达不到要求，而且极大地增加了拖拉机的牵引功率，增加了能耗。为了防止黏湿土壤对靶片表面的黏附，一般采用安装刮土板的方式来清理掉黏附在靶片表面的土壤，这种结构在清理黏附土壤的同时，也无形中增加了靶片的旋转阻力。播种机或耕整地机具的开沟器也是土壤黏附导致工作效率降低的典型触土部件。工程机械中的土方机械，如推土机的推土铲、挖掘机的挖掘斗、装载机的铲斗等都不同程度地存在黏湿土壤等散体湿物料的黏附现象。当传统的技术不能有效解决上述问题时，人们开始把目光投向了其他技术领域，以寻求更加先进的解决方法。左春柽等人在原有普通圆盘开沟器的基础上对其进行改性和改形，设计了两种类型的开沟器。改性开沟器是在普通圆盘开沟器表面喷涂搪瓷；改形开沟器是依据土壤黏附的机理，通过减小土壤与触土部件表面的接触面积使界面水膜不连续或造成应力集中来降低黏附力。两种类型的开沟器都具有明显的防黏减阻效果。

有些天然生物材料（如蝼蛄、蜣螂等土壤洞穴动物的体表，有些鸟类的羽毛，荷叶表面）和人工材料（如搪瓷、超高分子量聚乙烯材料等）具有很强的疏水功能。材料的这种疏水功能对于减黏脱附具有重要意义。疏水材料表面与水分子之间的引力较弱，有将水分子向远离接触界面方向向外"推"的趋势，这样一方面会使水膜与接触面的接触面积变小，另一方面会使水膜的厚度增加，界面的结合力下降，黏附力减小，这一原理恰好符合了界面水膜理论。疏水特性是土壤洞穴动物体表具有脱附减阻功能的原因之一。而自然界中生物的这种优良的脱附减阻功能可能是其体表材料的疏水功能与体表几何结构综合作用的结果。王淑杰等人对 10 种具有防黏功能的植物叶表面的形态特征及防黏机理进行了深入研究，发现诸如棕叶、线麻叶、南瓜叶等具有防黏功能的主要原因是叶片表面具有非光滑几何结构以及叶片表面材料具有疏水特性。几种植物叶片的表面具有诸如条纹状结构、星状表皮毛、颗粒状结构及刺状表皮毛等不同形态、不同性质的非光滑几何结构，同时多数叶片表面被表皮蜡质所覆盖。这种非光滑几何结构与表面材料疏水特性相结合的防黏功能可以为农机触土部件的防黏减阻设计提供很好的启示。

柔性是土壤洞穴动物乃至整个自然界中动植物普遍存在的特征。蝼蛄、甲虫、蚯蚓等土壤洞穴动物的体表生长着刚毛，刚毛的柔性特征对动物体表的脱附起到一定的作用。土壤洞穴动物体表的柔性特征主要体现在体表的结构单元上，因此，称之为生物柔性几何结构。这种柔性几何结构除了具有几何结构减黏作用（界面水膜原理）外，单元体的柔性对来自土壤的作用力具有缓冲作用，并通过柔性单元体的相互抖动、揉搓、位移、扭曲等动作达到脱附的目的。土壤洞穴动物体壁、节肢等器官的柔性特征对其脱附功能也起到一定作用。基于土壤洞穴动物体表柔性几何结构特征设计的仿生柔性脱附装置已经被用于挖掘机和装载机铲斗、自卸车车厢等触土部件上，脱附效果明显。

深松作为一种重要的保护性耕作模式，已经得到了广泛的应用。研究发现，深松铲的形状对其工作性能具有显著影响，而提高其工作性能将可极大降低其作业成本。土壤洞穴动物的爪趾具有高效的挖掘特性，这一发现引起了研究人员的高度关注。佟金等人对典型土壤洞穴动物小家鼠的爪趾进行了量化分析，并采用数学回归方法得到了小家鼠爪趾内表面纵剖面的轮廓曲线方程，发现其曲线形状具有类似指数函数的曲线形，由此建立了小家鼠爪趾内表面纵剖面轮廓曲线的数学模型，并探讨了将其应用于典型农机触土部件深松铲的结构设计之中的可能性。郭志军利用二维有限元法对以抛物线作为切土面准线的深松铲对土壤的切削性能进行了分析，并探讨了纵深比对深松铲的耕作阻力的影响。分析结果表明，与直线型切土面准线深松铲相比，抛物线型切土面准线深松铲的土壤切削性能更好，前者在纵深比为 2.28 时出现最优值，而后者在纵深比为 0.81 时即出现最优值，这为弯曲土壤耕作部件的紧凑化设计提供了重要的技术参考。同时以具有优良的挖掘减阻功能的达乌尔黄鼠（一种小田鼠）为研究对象，对其左前爪中趾几何结构特征，特别是爪趾纵剖面轮廓线几何结构特征进行了分析，对其曲率变化的基本规律进行了探索，结果表明，这种动物挖掘足爪趾内轮廓线为变曲率曲线，具有双抛物线形特征。根据这一特征，设计了一种仿生弯曲深松铲，并与日本研制的深松铲（触土面准线为直线）进行了耕作阻力对比试验，测试结果表明，与日本直线型深松铲相比，仿生弯曲型深松铲的水平耕作阻力降低了98.22%，垂直阻力降低了 106.27%，仿生弯曲型深松铲的减阻效果非常显著。田鼠、蝼蛄、蜣螂等土壤洞穴动物高效、发达的挖掘足具备超强的挖掘洞穴本领，其爪趾表面具有防黏减阻特性，佟金等人根据这一特性发明了鼠道犁仿生防黏减阻耐磨犁铲和仿生减阻扩孔器。鼹鼠具有极高的土壤挖掘效率，这主要得益于其爪趾几何结构特征优良的力学性能，这为农业机械土壤耕作部件的仿生设计提供了学习对象。鼹鼠的这一优良几何结构特征使之应用于深松铲、犁铧、旋耕刀、碎茬刀等触土部件的仿生设计成为了可能。一般的旋耕和碎茬作业需要两套机具，即使在一台机具上完成上述两种作业，也需要两个刀棍、两套刀片及两套固定部件，这样不仅使机具结构变得复杂，而且增加了制造成本。汲文峰利用鼹鼠爪趾的高效挖掘性能设计了仿生旋耕 - 碎茬刀片，不仅能够实现一次进地完成碎茬和旋耕两种作业，而且节省了作业成本，同时避免了拖拉机对耕地的过度碾压。研究表明，与国标普通旋耕、碎茬刀片相比，旋耕 - 碎茬通用刀片的耕深稳定性达到 93% 以上，碎茬率、碎土率及根茬覆盖率分别为 81.8%、87.9% 和

87.2%，实现了旋耕、碎茬机具的通用，作业质量完全符合农业技术要求，提高了旋耕、碎茬的作业效率，节省了设计制造成本。土壤动物蚯蚓俗称曲蟮或地龙，属于环节动物门、寡毛纲，生活在土壤中，昼伏夜出，以腐败的有机物为食，进食时连同泥土一同吞入，也摄食植物的茎、叶碎片。蚯蚓可使土壤疏松、改良土壤、提高肥力，促进农业增产。蚯蚓的身体是由许多彼此相邻的体节（环状）组成，无骨骼，前端稍尖，后端圆盾，体表为褐色角质膜，从第二体节至身体最末端分布有刚毛，节上端自 11～12 节直至后端沿背部中线分布有背孔，背孔平时关闭，环境干燥、钻土或遇到刺激时张开并分泌润滑液（见图 1-2a），这种黏液在蚯蚓体表及土壤之间创造出一种三层介质结构（见图 1-2b），利于蚯蚓呼吸和在土壤中穿行。蚯蚓体表在受到刺激时能够产生生物电，这种生物电使周围土壤产生微电渗现象，使靠近其体表附近的土壤水分向体表与土壤的接触界面移动（见图 1-2c），界面水膜厚度增加，从而起到了很好的脱附减阻效果。

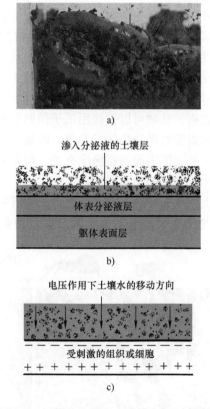

a)

渗入分泌液的土壤层

体表分泌液层

躯体表面层

b)

电压作用下土壤水的移动方向

受刺激的组织或细胞

c)

图 1-2　蚯蚓体表润滑液及体表微电渗减阻

a）蚯蚓体表润滑液　b）体液与土壤三层介质结构　c）蚯蚓体表微电渗原理

运动状态下表面的阻力除与表面是否发生黏附有关外，还与表面摩擦有关。对于土壤与农机触土部件之间的阻力问题，科研人员曾试图将黏附和摩擦对阻力的贡献分离开，但由于土壤与接触表面之间的相互作用比较复杂而一直未能实现。在农机耕作部件减阻研究领域，仿生防黏技术是减小土壤对工作部件阻力的一个主要手段。先进的防黏技术有利于土壤工作部件减阻功能的实现。对于运动状态的表面阻力，土壤与接触面的黏附力可近似等效于作用在运动表面上的法向压力，直接导致阻力的增大，因此降低土壤对固体表面的黏附将会减小摩擦阻力。当土壤被黏附在运动表面上而不能自行脱落时，阻力将会显著增大。而生物体表非光滑几何结构的防黏特性可应用于运动的农机触土部件（如深松铲、犁铧、推土铲等）的仿生设计，这种减小摩擦力的仿生设计技术，通常称为减阻技术。研究表明，适宜的仿生非光滑几何结构形态具有明显的减阻性能。

1.5.2 农业机械仿生黏附技术

在日常生活中经常可以看到有些动物如苍蝇、蚂蚁、蜜蜂、蜘蛛、甲虫、壁虎等在宏观光滑表面上爬行或停留，甚至在玻璃等异常光滑的表面也能行动自如，有时是在竖直的宏观光滑表面抑或倒挂在下表面也从不会因此而滑落。这些动物之所以能够具备这样的攀爬及附着本领，主要得益于其所具有的优良附着机构和功能。根据形态的不同，动物的附着器官可以分为爪子、爪垫、中垫、跗垫、刚毛等。对于粗糙表面，动物可以直接用爪子借助肌腱的力量抓住接触面上的纹理，而对于光滑表面则需要借助爪垫、中垫、跗垫、刚毛等附着其上，其附着力的大小与爪子的尺寸和固体表面的粗糙度有关，但是附着力的大小与爪子的尺寸及表面纹理是如何相关的目前尚不清楚。

动物能够利用爪子上的爪垫与刚毛附着在表面的附着机理与其附着器官的结构密不可分。刚毛是动物的主要附着器官，其末端一般都是平的，如图 1-3 所

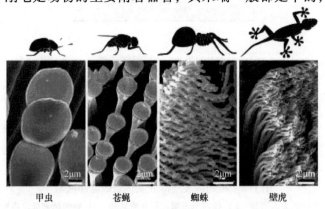

| 甲虫 | 苍蝇 | 蜘蛛 | 壁虎 |

图 1-3 几种动物爪垫刚毛纳米纤维结构

示，这构成了末端的接触单元，其尺寸范围：甲虫为 $7\mu m$ 左右，苍蝇为 $1 \sim 2\mu m$，末端接触单元起到与表面附着的重要作用。

爪垫是动物的另一种主要附着器官，爪垫与表面的附着强度取决于接触单元与固体表面产生紧密接触的能力。如果固体表面是光滑的，末端的接触单元就尽可能多地参与到附着行为上来，从而能够与固体表面形成紧密的接触。昆虫不仅能在光滑表面上附着，同时也能附着在粗糙表面上，当其附着在粗糙表面上时，主要是爪子借助肌腱的收缩牢牢地抓住粗糙表面具有一定曲率的位置，而且只需要很小的力就能坚持很长时间。在这种情况下，爪子与粗糙表面产生互锁效应，能够保证爪子的抓握更加牢靠，这一过程主要是爪子与固体表面产生的摩擦力提供了附着的动力源。研究表明，当蜜蜂落在附着表面上时，其跗端节就会自然而然的与固体表面间产生摩擦力，在附着过程中，爪子会一直与固体表面保持接触，如果抓紧能够保持其不致从表面滑落，则爪子成为附着力的主要提供源。一旦附着力变小，爪子产生滑动，此时中垫立刻参与进来，提供一部分附着力来确保抓握的牢靠。昆虫这种超凡的附着器官在爪子的动力学方面发挥了重要作用，这得益于其屈肌的腱，并与其爪子的结构有关。

有些昆虫爪垫与固体表面的附着依靠爪垫表皮分泌液在固体表面形成的液体薄膜作为介质来增强附着力。分析表明，蚂蚁即是典型的例子，当蚂蚁爪垫与固体表面接触后，爪垫表皮分泌出黏性体液，在固体表面与抓点之间形成黏液薄膜，这种附着方式使蚂蚁爪垫与固体表面之间产生足够的黏附力，因此蚂蚁能够在光滑表面上行动自如。Hasenfuss 用光干涉法分析了 71 种鳞翅类的幼虫借助液体油脂薄层与光滑表面的接触。根据力学理论，当两个相互接触的表面之间存在液体薄膜时，由于表面张力和黏性的作用，存在于两个固体表面之间的液体薄膜将在两个固体表面间产生法向压紧力，使两个接触面接触的结合更加紧密、牢固，这种附着力主要来自于界面薄膜的毛细引力。这种毛细引力理论依据是"固 – 固"接触，适合刚性体在沿薄膜界面法向完全拉开的状态，在拉开过程中没有逐渐剥离；而动物黏附爪垫是由柔性的黏弹性材料构成，拉开是一个逐渐剥离的过程，因此，这种理论依据不适合用来分析昆虫爪垫与固体表面的接触。动物爪垫与固体表面的接触可能更为复杂，固体表面的凸起可能穿过黏性液体薄膜而直接与爪垫表皮接触，而另一部分则借助黏液的表面张力和黏弹力的作用黏附在固体表面。

动物应用自身附着组织、器官所特有的结构功能（可利用表面粗糙度的不同自动选择附着方式，如爪附着、爪 + 爪垫附着、爪垫附着、刚毛附着等）附着在不同的固体表面上的特性为仿生黏附研究提供了很好的借鉴。Gorb 等人基于动物爪垫刚毛附着机理，通过分割接触面积来增强附着性能，开发研制了一种仿生黏附装置。欧洲宇航局与加拿大一所大学合作，研制出了目前世界上最先进的爬墙机器人——Abigaille。这种机器人在表面的附着原理就来源于壁虎，在机器人的 6 条"腿"上均安装有若干微小的爪垫（原子级），并使用黏性物质增加"脚掌"与固体表面的附着力。"腿"的自由度为 4，可以模仿壁虎或人类在光滑表面爬行或做复杂动作。带式输送机的输送带打滑可导致生产率下降和生产成本的增加，严重时可导致生产事故的发生。壁虎脚掌的刚毛与固体表面接触产生强大附着力的案例为防止输送带打滑的带传动结构设计提供了重要的学习和借鉴意义。同时，仿生刚毛结构的阵列方式，刚毛的强度、刚度、稳定性和防聚结等参数均对附着力具有显著影响。蝗虫也是一种攀爬和附着能力较强的昆虫之一，其脚垫表面的微观结构能够对固体表面产生强大的附着力。蝗虫脚垫的这种精巧结构使它能够用两种方式附着在固体表面上。首先，脚垫的结构能够让它在固体表面时获得尽可能大的接触面积，这更有利于获得较大的黏着力。脚垫受到来自于腿部的压力后，在 X、Y、Z 方向均有不同程度的变形，其中 X、Y 方向的变形量较大，Z 方向的变形量较小，并有向外、向下扩展的趋势，同时随着外来压力的增加，X、Y、Z 三个方向的变形量也随之增大。蝗虫脚垫的这种微观结构使得其在与地面接触时，有利于提高脚垫与表面的接触面积，随着外力的增加，脚垫和地面的接触面积不断增大，脚垫和地面的接触越来越紧密，提高了脚垫对地面的附着力；另外，在接触过程中，由于脚掌的变形，使脚掌与固体表面产生了较大的摩擦力，且随着外力的增加，脚垫对地面的摩擦力不断增大，则脚掌的附着能力增强。对蝗虫脚垫的研究结果可以为今后仿生轮胎的结构设计提供参考。

有着非凡附着能力的动物之所以能够具备这样的优良特性，一方面因其逐渐适应生存环境的需要，经过亿万年进化出的具有优秀品质的附着组织器官的结果；另一方面则是得益于动物进化出的强大的自适应控制和调节能力，如可以根据附着表面的粗糙度和表面状态，由附着器官自动选择附着方式等。这种卓越的附着特性的研究与应用已经逐渐渗透到了工程仿生的很多领域，包括农业机械工作部件的仿生设计与应用。相信在不久的将来，随着动物附着结构和机理的不断揭示和深入研究，会有越来越多的研究成果被应用到农业机械耕作领域，这也必将为农业机械黏附研究与应用创造新的技术进步。

1.5.3　农业机械仿生耐磨技术

农业机械触土部件在工作过程中持续受到土壤的磨料磨损，致使其使用寿命缩短。土壤对农机触土部件的磨料磨损是导致其失效的主要形式之一。针对提高农机触土部件耐磨性的问题，传统方法主要是从纯材料的角度入手，即采用耐磨材料加工制造触土部件，而耐磨材料的价格一般都比较昂贵，这会增加生产成本，不适于农业机械磨损部件的生产加工。随着世界各国对农业重视程度的不断提高及农业技术的飞速进步，对于提高农机触土部件耐磨性的研究已经取得了很大的进展，出现了许多新的研究方法和技术手段，如特殊的耐磨材料、特殊热处理工艺、表面处理技术、表面涂层工艺及优化结构设计等。另外，在过去的几十年中，随着仿生学的蓬勃发展，其研究内容已渗透到解决工程实际问题的各个领域，农机触土部件的耐磨性仿生研究是其中最重要的领域之一。

生物表面的耐磨性和工程表面的耐磨性就其自身因素而言主要取决于两个方面，一是材料性能，二是表面几何结构特性，这两个因素的主导地位与接触作用方式有关。在以砂纸为对摩材料进行的竹材横断面磨料磨损试验中发现，其最大磨损速率出现在竹材中间靠近内表层附近的区域，与硬度分布一致（纤维分布密度由外向内逐渐减小），如图 1-4 所示。在泥沙磨料磨损条件下，竹材的磨损速率同竹纤维与滑动表面的取向关系密切相关，磨损速率在竹纤维垂直方向比平行方向低；当竹纤维与滑动界面处于垂直方向时，其表面层一定深度的基体组织被首先磨去，使纤维端头突出于基体之上，形成一种具有几何结构特征的磨损表面形态，如图 1-5 所示，这是一种由磨损过程形成的耐磨几何结构形态，泥沙粒子在这种几何结构表面上易于产生滚动，使其表现出很高的耐磨性，并且其耐磨性随着竹纤维密度的增大而提高。

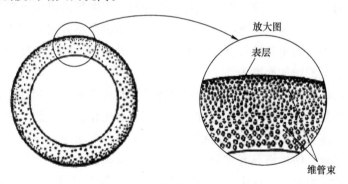

图 1-4　竹材横断面纤维分布规律

贾兵云根据步甲、蜣螂等土壤洞穴动物体表凸包几何结构设计并制备了七种分布的凸包形仿生几何结构表面，并在 JMM 型转盘式磨料磨损试验机上对试样进行了磨料磨损试验，探索了凸包分布形式、尺寸、磨损环境等对试验样件磨损状态的影响，结果表明，凸包的分布方式对凸包形几何结构表面的自由式磨料磨损特性有较大影响。随着滑动速度和磨料颗粒尺寸的增加，样件的体积磨损量增大。马云海等人对穿山甲体表鳞片的形态和组成进行了分析，并在转盘式土壤磨料磨损试验机上进行了磨料磨损试验，结果表明，与垂直于棱纹结构相比，磨料

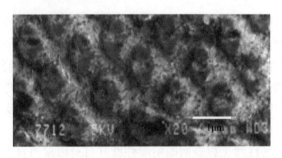

图 1-5　竹材横断面泥沙磨损形貌

颗粒运动方向平行于鳞片表面棱纹结构时具有较好的耐磨性。随着土壤磨料颗粒的尺寸和滑动速度的增加，鳞片表面的磨损量随之增大。水生软体动物壳体的外表面在其生活的水砂浆环境中长期承受沙粒的二体磨料磨损，却表现出了良好的耐磨性。贝壳作为生物陶瓷材料，具有良好的耐磨性，有些贝壳材料的干滑动耐磨性可与类金刚石碳涂层相比拟。贝壳在泥沙磨料磨损条件下的磨损行为首先受控于表面几何结构，即处于几何结构磨损阶段，当几何结构表面被磨去之后，则转入纯材料磨损阶段。天然生物材料的这种特性为农业机械触土部件的耐磨性仿生设计提供了学习的对象。佟金等人对绢丝丽蚌等三种水生软体动物的壳体外表面进行了磨料磨损试验研究，磨损试验结果表明，当磨料的滑动方向垂直于壳体表面的波纹形几何结构时，其耐磨性较高，而当磨料滑动方向平行于波纹形几何结构时，壳体表面的耐磨性较低。三种生物壳体外表面的磨损深度随着磨料颗粒尺寸及滑动速度的增加而增大。

　　天然生物材料所具有的特殊功能主要得益于其优良的结构和性能，可以通过自调整、自修复、自补偿等一系列过程不断完善和优化自身功能。生活在撒哈拉沙漠中的沙蜥体表覆盖鳞片形几何结构，如图 1-6a、b 所示。这种几何结构形态与其材料相结合，使沙蜥具有优异的抗风沙冲蚀磨损的能力，在相同的试验条件下，经 10h 冲蚀磨损，沙蜥表面的耐磨性明显高于钢和玻璃表面，如图 1-6c、d 所示。蛇、沙蜥、蜥蜴等动物在土壤或沙表面运动时，它们的身体几何结构表面亦与土壤、沙相互作用而发生磨料磨损现象，但都显示出优良的耐磨性，这主要得益于其几何结构表面与其材料的综合作用。

　　目前，根据生物体表的耐磨几何结构进行仿生设计来解决农业机械触土部件的耐磨性应用研究已经取得了一些进展。佟金等人根据栉孔扇贝壳体外表面的棱纹形耐磨几何结构设计制备了仿生棱纹形耐磨几何结构表面样件，并与普通平板形样件进行了磨料磨损试验。样件磨损数据的分析表明，仿生棱纹形耐磨几何结构表面样件的耐磨性明显优于普通平板形，其耐磨性提高了 20%。张永智

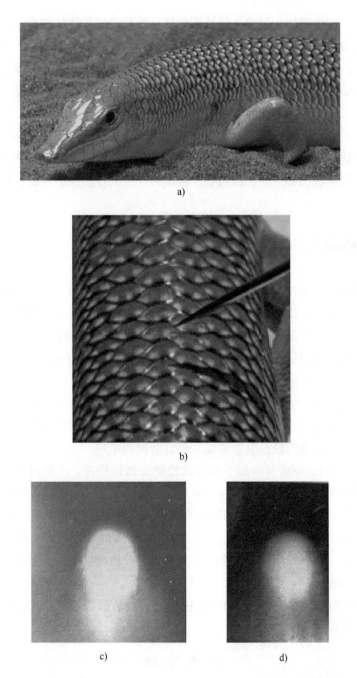

图1-6 沙漠中的沙蜥体表鳞片、钢板表面和玻璃表面沙冲蚀磨损形态

a）沙漠中的沙蜥 b）沙蜥体表鳞片结构 c）钢表面 d）玻璃表面

提取了沙漠中的蜥蜴体表耐磨几何结构特征，设计开发了仿生耐磨秧夹，实验室磨料磨损试验及田间实际测试结果表明，该部件具有良好的耐磨性。仿生凸包形耐磨犁壁和具有仿生耐磨几何结构的轧辊，以及发动机活塞缸套系统的仿生耐磨几何结构表面等都是在学习了具有耐磨几何结构的动物耐磨器官的基础之上所取得的研究成果。

目前，对于仿生耐磨几何结构在农机触土部件的研究与应用还不够深入，研究内容还不够广泛。因此，如何借助仿生摩擦学这一理论基础工具来解决特定工作条件下的农机触土部件的磨损问题，将成为今后农业机械磨料磨损研究的重点内容。

1.6 主要研究内容

针对深松铲深松作业阻力大、能耗高，以及深松铲刃的土壤磨料磨损快而影响其使用寿命这两大技术难题，借助仿生学原理，学习某些土壤洞穴动物的高效挖掘性能和水生软体动物（贝壳）的耐磨特性并进行仿生设计，同时进行相关的磨料磨损试验及深松耕作阻力测试，探索深松铲的减阻和耐磨机理，并进行数值模拟分析，具体研究内容如下。

1）将水生软体动物（贝类）壳体表面的耐磨几何结构应用于深松铲刃的触土摩擦面的仿生结构设计中，加工制备用于磨料磨损试验的铲刃样件；探索几何结构分布间距、土壤粒径及滑动速度对铲刃磨损的影响。

2）利用不同的耐磨材料加工制造深松铲刃试样样件，考察材料因素对铲刃耐磨性的影响规律，并探索材料与几何结构的协同对铲刃磨损量的影响。

3）学习小家鼠挖掘足爪趾的高效挖掘性能，选择合理的结构参数，将爪趾挖掘几何结构应用于深松铲柄破土刃口曲线的结构设计之中，考察深松铲柄类型、耕作速度、耕深对深松铲耕作阻力的影响，分析仿生深松铲刃与仿生深松铲柄的协同减阻效应。

4）利用离散元法对深松铲的土壤耕作过程进行数值模拟，探讨仿生减阻深松铲的减阻机理。

参 考 文 献

[1] 张金波. 典型农机触土工作部件犁铧耐磨方法研究 [J]. 现代化农业, 2020 (5): 62 – 63.

[2] 贾洪雷, 孟凡豪, 刘立晶, 等. 芯铧式开沟器仿生设计与试验 [J]. 农业机械学报,

2020, 51 (4)：44 - 49, 77.

[3] 邓涛, 常影, 赵玉山, 等. 铧式犁表面仿生改进的优化研究 [J]. 吉林农业科技学院学报, 2018, 27 (1)：22 - 25, 116 - 117.

[4] 霍鹏, 李建平, 杨欣, 等. 鲨鱼盾鳞仿生起苗铲减阻仿真分析 [J]. 机械设计与制造, 2023 (3)：242 - 248.

[5] 刘露, 王莲冀, 胡红, 等. 农机触土部件仿生减黏技术研究现状及展望 [J]. 农业装备与车辆工程, 2022, 60 (7)：27 - 31.

[6] TONG JIN, CHEN DONGHUI, TOMATARU YAMAGUCHI, et al. Geometrical features of claws of house mouse mus musculus and biomimetic design method of subsoiler structure [J]. Journal of Bionic Engineering, 2005, 8 (1)：53 - 63.

[7] 徐宗保. 振动式深松中耕作业机的设计与试验研究 [D]. 哈尔滨：东北农业大学, 2009.

[8] RAPER R L. In - row subsoilers that reduce soil compaction and residue disturbance [J]. Applied Engineering in Agriculture, 2007, 23 (3)：253 - 258.

[9] HE JIN, LI HONGWEN, WANG XIAOYAN, et al. The adoption of annual subsoiling as conservation tillage in dryland maize and wheat cultivation in northern China [J]. Soil & Tillage Research, 2007, 94 (2)：493 - 502.

[10] NATSIS A, PETROPOULOS G, PANDAZARAS C. Influence of local soil conditions on mouldboard ploughshare abrasive [J]. Wear Tribology International, 2008, 41 (3)：151 - 157.

[11] 徐滨士, 朱绍华. 表面工程的理论与技术 [M]. 北京：国防工业出版社, 1998.

[12] EYRE T S. Review of abrasive study [J]. Tribology International, 1978 (11)：91 - 98.

[13] 邵荷生, 张清. 金属的磨料磨损与耐磨材料 [M]. 北京：机械工业出版社, 1988.

[14] 张健, 周力行. 突扩回流与大速差射流回流湍流气固两相流动的数值模拟 [J]. 空气动力学学报, 1996, 14 (2)：154 - 161.

[15] 章本照, 沈新荣, 方建农. 矩形截面弯管内气固两相流及对壁面磨损的数值分析 [J]. 空气动力学学报, 1995, 13 (40)：435 - 441.

[16] 章本照, 陈洪波. 曲线管道气固两相流颗粒运动特性及对管壁磨损的数值分析 [J]. 空气动力学学报, 1995, 13 (4)：135 - 141.

[17] 林建忠, 梁新南, 赵伯龙. 气固两相流离心叶轮机械磨损特性研究 [J]. 流体机械, 1994, 22 (1)：12 - 17.

[18] 沈天耀, 林建忠, 章本照. 叶轮机械气固两相流研究 [J]. 力学与实践, 1993, 15 (5)：1 - 9.

[19] 岑可法, 樊建人. 工程气固多相流的理论与计算 [M]. 杭州：浙江大学出版社, 1992.

[20] 刘大有. 二相流体力学 [M]. 北京：高等教育出版社, 1993.

[21] 赵大为, 李秀娟, 姚志刚, 等. 1S - 360 型深松机的设计 [J]. 农业科技与装备, 2008 (5)：15 - 17.

[22] 邱立春, 李宝筏. 自激振动深松机减阻试验研究 [J]. 农业工程学报, 2000, 16 (6): 72-76.

[23] 李建军. 全方位可调式深松机 [D]. 长春: 吉林大学, 2010.

[24] 赵大为. 振动深松机的研究设计 [J]. 农业科技与装备, 2010 (4): 15-17.

[25] 李艳龙, 刘宝, 崔涛, 等. 1SZ-460 型杠杆式深松机设计与试验 [J]. 农业机械学报, 2009, 40 (S1): 37-40.

[26] 荆苗. 双排反向振动深松机的设计及田间试验 [D]. 焦作: 河南理工大学, 2012.

[27] 王天慧, 张维安, 王利斌, 等. 分层深松铲的受力分析及碎土效果研究 [J]. 农业机械, 2012 (32): 94-96.

[28] 王瑞丽, 邱立春, 李宝筏, 等. 1HS-2 型行间深松机的研究设计 [J]. 农机化研究, 2004, 26 (4): 98-99.

[29] 张璐. 深松铲减阻技术研究 [D]. 长春: 吉林大学, 2013.

[30] 张强, 张璐, 刘宪军, 等. 基于有限元法的仿生钩形深松铲耕作阻力 [J]. 吉林大学学报 (工学版), 2012, 42 (S1): 117-121.

[31] 张强, 张璐, 于海业, 等. 复合形态深松铲耕作阻力有限元分析与试验 [J]. 农业机械学报, 2012, 43 (8): 62-65.

[32] 朱凤武. 金龟子形态分析及深松耕作部件仿生设计 [D]. 长春: 吉林大学, 2005.

[33] 郭志军, 周德义, 周志立. 几种不同触土曲面耕作部件的力学性能仿真研究 [J]. 机械工程学报, 2010, 46 (15): 71-75.

[34] 周桂霞, 邬雨昕. 通径系数法研究深松铲关键参数与牵引阻力的关系 [J]. 农机化研究, 2009, 31 (3): 53-55.

[35] 荣宝军. 耐磨仿生几何结构表面及其土壤磨料磨损 [D]. 长春: 吉林大学, 2008.

[36] 李建桥, 任露泉, 刘朝宗, 等. 减黏降阻仿生犁壁的研究 [J]. 农业机械学报, 1996, 27 (2): 1-4.

[37] 杨文伍, 何天贤, 邓文礼. 壁虎的动态吸附与壁虎纳米材料仿生学 [J]. 化学进展, 2009, 21 (4): 777-783.

[38] 廖庚华, 胡钦超, 杨莹, 等. 基于典型鸟类翅膀特征的小型轴流风机叶片仿生设计与试验 [J]. 吉林大学学报 (工学版), 2012, 42 (5): 1163-1167.

[39] 范旭娟. 典型金属基仿生超疏水表面的制备方法研究 [D]. 大连: 大连理工大学, 2012.

[40] 谢峰, 沈维蕾, 张晔, 等. 河狸门牙几何特征的提取及其生物力学性能分析 [J]. 中国机械工程, 2011, 10 (22): 1149-1153.

[41] 庄东汉. 材料失效分析 [M]. 上海: 华东理工大学出版社, 2009.

[42] 欧阳习科, 蒋业华, 周荣. 磨料磨损理论发展 [J]. 水利电力机械, 2004, 26 (6): 25-40.

[43] 材料耐磨抗蚀及其表面技术丛书编委会. 材料的磨料磨损 [M]. 北京：机械工业出版社，1990.

[44] O. E. C. D. Glossary of terms and definitions in the field of friction wear and lubrication [M]. Michigan：Organization for Economic Co – operation and Development，1969.

[45] YAZICI A. Investigation of the wear behavior of martempered 30MnB5 steel for soil tillage [J]. Transactions of The ASABE，2012，55 (1)：15 – 20.

[46] 高原，张维，李冰，等. 等离子表面钨钼稀土（钇）合金强化层滑动磨损性能 [J]. 材料热处理学报，2012，33 (8)：130 – 133.

[47] 王小明，袁浩，李小蕾. 超耐磨焊管母材 65Mn 钢卷的退火工艺 [J]. 金属热处理，2012，37 (10)：129 – 131.

[48] 邢泽炳，翟鹏飞，张静，等. 低碳钢表面渗碳及其耐磨性能研究 [J]. 山西农业大学学报（自然科学版），2012，32 (1)：81 – 85.

[49] 何乃如，吴劲锋，朱宗光，等. 激光强化 60Si2Mn 钢表面植物磨料磨损试验研究 [J]. 甘肃农业大学学报，2013，48 (4)：139 – 143.

[50] 丛锦玲，王维新，李景彬. 氧乙炔镍基合金粉末喷焊处理技术在犁铧刃表面的应用研究 [J]. 石河子大学学报（自然科学版），2010，28 (6)：790 – 792.

[51] 高红霞，崔晓康，海伟，等. 犁铧表面耐磨层的消失模铸渗工艺研究 [J]. 铸造技术，2010，31 (9)：1205 – 1208.

[52] MUAMMER NALBANT，TUFAN PALALI A. Effects of different material coatings on the wearing of plowshares in soil tillage [J]. Turkey Journal of Agriculture，2011 (35)：215 – 223.

[53] 郝建军，马跃进，黄继华，等. 氩弧熔覆 Ni60A 耐磨层在农机刀具上的应用 [J]. 农业工程学报，2005，21 (11)：73 – 76.

[54] 郝建军，马跃进，李会平. 根茬粉碎还田机灭茬甩刀喷焊 NiWC 的耐磨粒磨损性能 [C]// 中国农业机械学会. 中国农业机械学会成立 40 周年庆典暨 2003 年学术年会论文集. 北京：中国农业机械学会，2003：1066 – 1069.

[55] 郝建军，马跃进，杨欣，等. 火焰熔覆镍基/铸造碳化钨熔覆层在犁铧上的应用 [J]. 农业工程学报，2005，36 (11)：139 – 142.

[56] 朱瑞祥，张军昌，薛少平，等. 保护性耕作条件下的深松技术试验 [J]. 农业工程学报，2009，25 (6)：145 – 147.

[57] SHINNERS K J，ALCOCK R，WILKES J M. Combining active and passive tillage elements to reduce draft requirements [J]. Transactions of the ASAE，1990，33 (2)：400 – 404.

[58] LU YONGXIANG. Significance and progress of bionics [J]. Journal of Bionics Engineering，2004，1 (1)：1 – 7.

[59] YAMASHITA H，NAKAO H，TAKEUCHI M，et al. Coating of TiO_2 photocatalysts on super – hydrophobic porous teflon membrane by an ion assisted deposition method and their self – clean-

ing performance [J]. Nuclear Instruments and Methods in Physics Research B, 2003, 206：898 – 901.

[60] REN LUQUAN. Progress in the bionic study on anti – adhesion and resistance reduction of terrain machines [J]. Science in China Series E：Technological Sciences, 2009, 52 (2)：273 – 284.

[61] 孙久荣，程红，丛茜，等. 蜣螂（Copris ochus Motschulsky）减黏脱附的仿生学研究 [J]. 生物物理学报，2001, 17 (4)：785 – 793.

[62] 李建桥，李忠范，李重焕，等. 仿生非光滑犁壁规范化设计 [J]. 农机化研究，2004, 26 (6)：119 – 121.

[63] 邓石桥. 仿生犁壁的减黏机理及其仿生设计 [D]. 长春：吉林大学，2004.

[64] 左春柽，张守勤，马成林，等. 圆盘开沟器减黏降阻的试验研究 [J]. 农业机械学报，1997, 28 (S1)：37 – 40.

[65] 贾贤，任露泉，陈秉聪. 地面机械触土部件仿生涂层的减黏降阻特性 [J]. 农业工程学报，1995, 11 (4)：10 – 13.

[66] 佟金，孙霁宇，张书军，等. 神农蜣螂前胸背板表面形态分形及润湿性 [J]. 农机学报，2002, 33 (4)：74 – 76.

[67] 王淑杰，任露泉，韩志武，等. 植物叶表面防黏特性的研究 [J]. 农机化研究，2005, 27 (4)：176 – 181.

[68] 孙世元，任露泉，佟金. 减黏脱附柔性内衬的设计与应用 [J]. 农业工程学报，1996, 12 (1)：65 – 70.

[69] 王云鹏，任露泉，杨晓东. 仿生柔性非光滑表面减黏降阻的试验研究 [J]. 农业机械学报，1999, 30 (4)：1 – 4.

[70] 任露泉，王云鹏，李建桥. 典型生物柔性非光滑体表的防黏研究 [J]. 农业工程学报，1996, 12 (4)：31 – 36.

[71] 田丽梅，任露泉，韩志武. 仿生非光滑表面脱附与减阻技术在工程上的应用 [J]. 农业机械学报，2005, 36 (3)：138 – 142.

[72] RAPER R L, BERGTOLD J S. In – row Subsoiling：a Review and Suggestions for Reducing Cost of This Conservation Tillage Operation [J]. Applied Engineering in Agriculture, 2007, 23 (4)：463 – 471.

[73] RAPER R L. Subsoiler shapes for site – specific tillage [J]. Applied Engineering in Agriculture, 2005, 21 (1)：25 – 30.

[74] 郭志军，周志立，佟金，等. 抛物线型切削面刀具切削性能二维有限元分析 [J]. 洛阳工学院学报，2002, 23 (4)：1 – 4.

[75] 郭志军，周志立，徐东，等. 高效节能仿生深松部件的试验 [J]. 河南科技大学学报（自然科学版），2003, 24 (3)：1 – 3.

[76] 吉林大学. 鼠道犁仿生防黏减阻耐磨犁铲：CN201010531289. 1 [P]. 2012 – 12 – 07.

[77] 吉林大学. 鼠道犁仿生减阻扩孔器：CN201010531296. 1 [P]. 2012 – 10 – 10.

[78] 汲文峰. 旋耕 – 碎茬仿生刀片 [D]. 长春：吉林大学，2010.

[79] 丛茜，金敬福，张宏涛，等. 仿生非光滑表面在混合润滑状态下的摩擦性能 [J]. 吉林大学学报（工学版），2006，36（3）：363 – 366.

[80] 李安琪，任露泉，陈秉聪，等. 蚯蚓体表液的组成及其减黏脱土机理分析 [J]. 农业工程学报，1996，6（3）：8 – 14.

[81] 孙久荣，孙博宁，韦建恒. 蚯蚓体表电位的测定及其与运动的关系 [J]. 吉林工业大学学报，1991，4：18 – 23.

[82] 李建桥，刘国敏，邹猛，等. 蚯蚓非光滑体表试样的法向土壤黏附特性 [J]. 中国农业科技导报，2007，9（6）：110 – 114.

[83] 周仲荣，雷源忠，张嗣伟. 摩擦学发展前沿 [M]. 北京：科学出版社，2006.

[84] DAI ZHENDONG, GORB S N, SCHWARZ U. Roughness – dependent friction force of the tarsal claw system in the beetle pachnoda marginata（Coleopteran, Scarabaeidae）[J]. Journal of Experimental Biology, 2002, 205：2479 – 2488.

[85] HASENFUSS I. The adhesive devices in larvae of lepidoptera（Insecta, Pterygota）[J]. Zoomorphology, 1999, 119（3）：143 – 162.

[86] 徐淑芬. 仿壁虎脚掌微观结构及应用研究 [D]. 青岛：山东科技大学，2009.

[87] 王蓓蓓. 蝗虫脚垫表面微结构粘附性研究 [D]. 南京：南京航空航天大学，2010.

[88] 佟金，马云海，任露泉. 天然生物材料及其摩擦学 [J]. 摩擦学学报，2001，21（4）：315 – 320.

[89] TONG JIN, MA YUNHAI, CHEN DONGHUI, et al. Effects of vascular fiber content on abrasive wear of bamboo [J]. Wear, 2005, 259：78 – 83.

[90] 贾兵云. 凸包型仿生非光滑表面自由式磨料磨损行为 [D]. 长春：吉林大学，2004.

[91] 马云海，佟金，周江，等. 穿山甲鳞片表面的几何形态特征及其性能 [J]. 电子显微学报，2008，27（4）：336 – 340.

[92] 王恒坤. 几种天然生物材料结构特征和土壤磨料磨损行为 [D]. 长春：吉林大学，2001.

[93] TONG JIN, WANG HENGKUN, MA YUNHAI, et al. Two – body abrasive wear of the outside shell surfaces of mollusc Lamprotula fibrosa Heude, Rapana venosa Valenciennes and Dosinia anus Philippi [J]. Tribology Letters, 2005, 19（4）：331 – 338.

[94] ZHOU B L. Some Progress in the biomimetic study of composite materials [J]. Materials Chemistry and Physics, 1996, 45（2）：114 – 119.

[95] 佟金，荣宝军，马云海，等. 仿生棱纹几何结构表面的土壤磨料磨损 [J]. 摩擦学学报，2008，28（3）：193 – 197.

[96] 张永智. 轮式水稻钵苗行载机关键部件仿生研究 [D]. 长春：吉林大学，2009.

［97］ 杨卓娟. 凹坑形仿生非光滑轧辊耐磨性研究［D］. 长春：吉林大学，2006.

［98］ 邓宝清. 仿生非光滑活塞缸套系统耐磨机理分析［D］. 长春：吉林大学，2004.

［99］ 董立春. 凹坑型仿生形态汽车齿轮耐磨性能试验研究与数值模拟［D］. 长春：吉林大学，2010.

［100］ 乔屹涛. 铲式挖掘部件仿生设计及减阻脱附性能研究［D］. 太原：太原理工大学，2022.

［101］ 张志丰，张峻霞，张琰. 仿生耕糟刀的设计与仿真实验［J］. 食品与机械，2020，36（12）：65 - 69.

［102］ 孙刚，房岩，金丹丹，等. 仿生工程在现代农业中的应用与展望［J］. 农业与技术，2020，40（1）：44 - 45.

［103］ 杨玉婉. 鼹鼠前足多趾组合结构切土性能研究与仿生旋耕刀设计［D］. 长春：吉林大学，2019.

［104］ 陈华明. 低阻仿生器件 3D 打印及土壤耕作性能研究［D］. 广州：华南农业大学，2019.

［105］ 蒋一玮. 我国农业领域仿生技术演变及趋势分析［D］. 长春：吉林大学，2019.

［106］ 俞杰. 基于家兔爪趾结构的旋耕刀仿生设计［D］. 长沙：中南林业科技大学，2019.

［107］ 李莹. 砂鱼蜥（Scincus scincus）表皮鳞片微观形态观察与耐磨、减阻特性研究［D］. 昆明：昆明理工大学，2019.

［108］ 李俊伟，顾天龙，李祥雨，等. 黏重黑土条件下马铃薯挖掘铲仿生减阻特性分析与试验［J］. 农业工程学报，2023，39（20）：1 - 9.

［109］ 张桔帮，王海军，陈文刚，等. 仿生表面织构在农林机械中的研究现状［J］. 农机化研究，2024，46（3）：1 - 7.

［110］ 王彤. 牙轮钻头滑动轴承表面仿生织构设计及其润滑性能研究［D］. 西安：西安石油大学，2023.

［111］ 邵艳龙. 仿生微阵列表面设计制备及其黏附/摩擦性能精确调控研究［D］. 长春：吉林大学，2023.

［112］ 胡嵩. 三种蛇腹部蜕鳞结构摩擦性能及其仿生研究［D］. 长春：吉林大学，2023.

［113］ 刘国钦. 聚醚醚酮纤维增强树脂基摩擦材料仿生设计与性能研究［D］. 长春：吉林大学，2023.

［114］ 许家岳. 基于爬岩鳅吸附性能的仿生吸盘设计与试验［D］. 长春：吉林大学，2023.

［115］ 张欣悦. 定向异构仿生软骨材料的构建及其生物力学与摩擦学研究［D］. 徐州：中国矿业大学，2023.

［116］ 张桔帮，王海军，陈文刚. 仿生织构对 65Mn 钢摩擦学性能的影响［J］. 农业装备技术，2023，49（2）：50 - 52.

［117］ 易佳锋，刘宇博，李超，等. 关节软骨润滑机制理论及仿生软骨材料的摩擦学应用

［J］．中国组织工程研究，2023，27（25）：4075－4084．

［118］董柳杰，陈相波，万珍平．自润滑仿生微织构的激光烧固加工及其摩擦学性能［J］．热加工工艺，2023，52（10）：29－34．

［119］王朝晖，吴志鑫，杨康辉，等．仿生中性络合剂对花岗岩摩擦磨损行为的影响研究［J］．摩擦学学报，2023，43（7）：800－808．

［120］梁瑛娜，高建新，高殿荣．仿生非光滑表面滑靴副水压轴向柱塞泵的摩擦磨损及效率试验研究［J］．华南理工大学学报（自然科学版），2022，50（6）：145－154．

［121］王国明，袁琼．仿生非光滑摩擦衬片对制动器摩擦振动的影响［J］．公路交通科技，2022，39（2）：157－166．

第2章 仿生减阻耐磨深松铲设计制造

本章叙述的研究内容主要是学习某些水生软体动物和土壤洞穴动物的体表耐磨几何结构，对典型农机触土部件——深松铲刃的耐磨结构进行仿生设计，并考察多种试验因素对其耐磨性的影响规律，研制具备高耐磨性的仿生耐磨深松铲刃；学习土壤洞穴动物小家鼠爪趾高效的土壤挖掘特性，将具有优良性能的爪趾挖掘几何结构应用于深松铲柄的减阻结构设计，研制仿生减阻深松铲，并探索铲柄形式、耕深、前进速度等因素对耕作阻力的影响。

2.1 生物耐磨结构

生物经过长期的进化，具备适应其生存环境的某些特殊功能。某些生物表现出了超凡的耐磨功能。按照几何结构的差异，生物体的耐磨几何结构可以归结为以下几类：凸包形、棱纹形、鳞片形、凹坑形、螺旋形等，如图 2-1 ~ 图 2-5 所示。

生物进化出的体表耐磨几何结构长期处于土壤或水砂石的磨损环境之中，却表现出了优良的耐磨性，这主要是由于体表材料和几何结构发挥了重要的作用。

2.1.1 凸包形耐磨几何结构

土壤洞穴动物蜣螂的头部唇基表面分布着微米级的凸包形几何结构，而水生软体动物蛤蜊的壳体外形整体亦具有凸包形几何结构特征。

1. 蜣螂头部几何结构

蜣螂的种类繁多，迄今为止已经发现 2 万多种。蜣螂之一的臭蜣螂属昆虫纲、鞘翅目、金龟子科，体黑色或黑褐色，是一种典型的土壤洞穴动物和粪食性物种，以动物粪便为食并常在动物的粪便下或附近打洞，喜欢将动物的粪便滚成球。臭蜣螂在滚粪球时身体反转，用后腿推粪球，依靠前腿的力量推动前进，当遇到前进阻力时，常常利用头部拱推土壤；它们在挖洞时也会使用头部推土。研究发现，臭蜣螂的头部唇基表面具有微米级的凸包形结构，如图 2-1a 所示，这种凸包形几何结构在臭蜣螂推土和推滚粪球过程中表现出良好的不粘和耐磨特性。

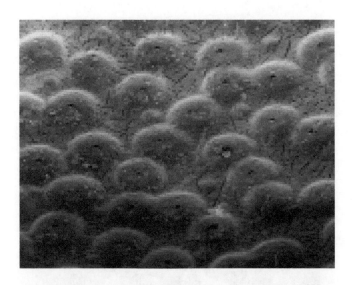

a)

b)

图 2-1　凸包形几何结构

a）蜣螂头部唇基表面　b）蛤蜊瓣

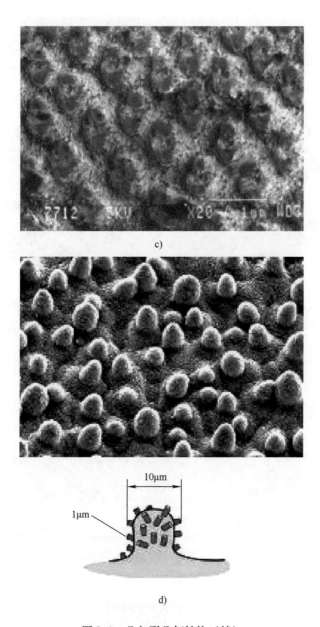

图2-1 凸包形几何结构（续）

c）竹材磨损表面　d）荷叶表面微观结构

a)

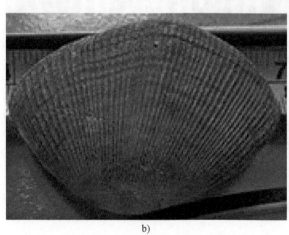

b)

图 2-2 棱纹形几何结构

a) 扇贝表面 b) 穿山甲鳞片表面

c)

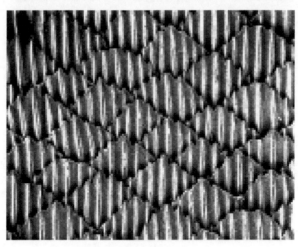

d)

图2-2　棱纹形几何结构（续）

c）环纹蛤表面　d）鲨鱼皮肋条结构

a)

b)

图 2-3　鳞片形几何结构

a）穿山甲体表鳞片　b）沙蜥体表鳞片

c)

d)

图2-3　鳞片形几何结构（续）

c）蛇皮表面鳞片　d）鳄鱼体表鳞片

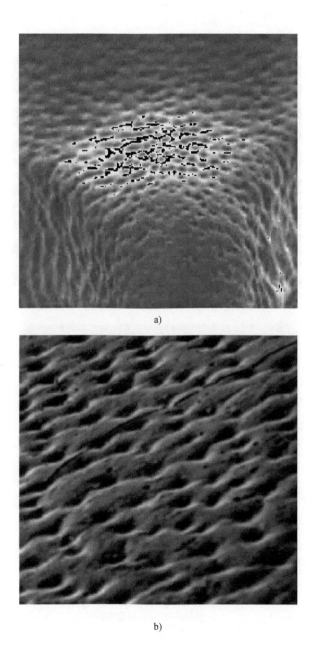

a)

b)

图 2-4　凹坑形几何结构

a）蜣螂头的背部　b）步甲胸节背板

c)

d)

图 2-4 凹坑形几何结构（续）

c）蝼蛄体表 d）贝壳表面

a)

b)

图 2-5　螺旋形几何结构

a) 蜗牛　b) 方斑东风螺

c)

d)

图 2-5　螺旋形几何结构（续）

c）织纹螺　d）田螺

2. 蛤蜊的瓣

蛤蜊又称为蛤、蚌、花甲，是双壳纲软体动物的统称，有花蛤、文蛤、西施舌等诸多品种。人们了解最多的是其肉质鲜美无比，被称为"天下第一鲜""百味之冠"等。蛤蜊主要产于我国沿海一带，其中以胶州湾内的蛤蜊最为著名，一般栖息在潮间带中、下区以下的浅海泥沙中。蛤蜊的瓣（体壳）为 2 片，长为 36～48mm，高为 34～46mm，宽度约为高的 4/5，两瓣相同，瓣顶稍刃，略向前屈，位于瓣背缘中稍向前端。瓣的中部膨胀，向前、后及近腹缘急剧收缩，致前、后缘形成肋状、小月面和盾面心形。蛤蜊的两片瓣坚厚且整体呈凸包形，虽然长期承受海砂石的冲刷磨损（磨料磨损），却表现出了良好的耐磨性。这种良好的耐磨性是其瓣体材料（$CaCO_3$）、组织构成（瓣体外层为棱柱层，内层为珍珠层）及瓣体的整体几何结构形态（凸包形）综合作用的结果。瓣体的结构形态有利于磨料流在其表面以最小的能耗方式划过，有效地减小了磨料对瓣体表面的磨损。这种凸包形耐磨几何结构为农机触土部件的耐磨性仿生设计提供了学习对象。

2.1.2　棱纹形耐磨几何结构

生物体表棱纹形耐磨几何结构主要以穿山甲鳞片的外表面和扇贝的瓣外表面呈放射状分布的棱纹形几何结构形态为代表。

1. 穿山甲体表鳞片

穿山甲，又名鲮鲤、陵鲤、龙鲤、石鲮鱼，属哺乳纲、鳞甲目、穿山甲科，是半期土壤洞穴动物。它的栖息地包括非洲和亚洲各地，亚洲地区包括：中国（江苏、浙江、安徽、江西、贵州、四川、云南、福建、广东、广西、海南、湖南、台湾）、泰国、印度尼西亚、菲律宾、越南、老挝、柬埔寨、马来西亚、印度中低海拔山麓至海拔 1000m 左右的山区。穿山甲体形狭长、四肢粗短，全身分布黑褐色瓦状鳞甲，喜欢在丘陵杂灌丛较潮湿的地方挖穴而居，如图 2-6 所示。

图 2-6　穿山甲

穿山甲名称的得来即源于其满身鳞甲的特点。穿山甲的鳞甲不仅能够在其挖洞时帮助扒土和扩洞，而且还能够使其免于被猛兽攻击和捕食。在穿山甲的捕食和日常活动中，其体表鳞片常常受到砂石和土壤的磨料磨损，但却表现出了良好的耐磨性，这种耐磨性主要与鳞片的材料属性（韧性材料）和表面几何结构有关。观察发现，其鳞片外表面有棱纹形的几何结构（见图2-2b），这种棱纹形几何结构可能是穿山甲鳞片具有较高耐磨性的表面形态因素。穿山甲鳞片的这种棱纹形结构对于农机触土部件的耐磨表面仿生设计具有重要的参考价值。

2. 扇贝瓣

扇贝属软体动物门、瓣鳃纲、翼形亚纲、珍珠贝目、扇贝科，属滤食性动物，生活在潮间带低潮线的岩礁或有砂砾的海底。迄今为止，全世界共发现有400多种扇贝，其瓣的外表面有呈放射状分布的毫米级条带状棱纹结构（见图2-2a）。生存环境决定了扇贝的瓣在其生命的全过程中都要承受水砂石的磨料磨损，但却显示出了优异的耐磨性，这种特殊的耐磨功能得益于其瓣的材料特性及表面棱纹形几何结构，这种耐磨功能可以为耐磨表面的仿生结构设计提供生物原型。

2.1.3 鳞片形耐磨几何结构

在自然界中，身体覆盖鳞片的生物很多，其中数量最多的是鱼类，几乎每种鱼的体表都会有鳞片，但鳞片的形式却千差万别，这种差别主要体现在鳞片的形状、排列方式、尺寸及性能等。但是，鱼类的鳞片除了保护身体内部组织外，还是其在水中游动用以减小水对身体阻力的优良器官。除鱼类外，有些动物的体表也具有鳞片形结构，如穿山甲的体表鳞片（见图2-3a）、沙漠中的蜥蜴和蛇（见图2-3b、c）、鳄鱼的体表鳞片（见图2-3d）等。这些生物的体表鳞片除了保护其身体不受伤害外，还具备了其他特殊功能。例如，穿山甲鳞片可以在其挖洞时被用于扒土和扩洞，同时又很好地保护了其身体不会因与砂石或土壤的过度磨损而受到伤害。沙漠中蛇的鳞片可以帮助其在沙地上运动，减小摩擦和黏附力，并减小蛇皮的局部磨损和污染。沙漠中的蜥蜴体表鳞片同样具有保护其身体不被沙磨损的功能，同时还能防止其体内的水分过度散失，这对于生活在沙漠中的动物是十分重要的。针对小沙蜥体表鳞片的沙粒冲蚀磨损试验的研究表明，其耐磨性明显高于钢和玻璃，这说明小沙蜥鳞片形的几何结构与材料的协同效应使其具备了较高耐磨性。鳄鱼的体表鳞片更像是一身全副武装的"铠甲"，这身"铠甲"可以对鳄鱼的身体内部组织器官起到很好的保护作用，同时抵御来自外界的各种伤害，防止各种不良刺激和对机体的侵袭，并适应水陆两栖的生活方式。

以上所述动物体表鳞片结构在它们的生存环境中起到了对动物自身的保护作

用，尤其是穿山甲鳞片和沙漠中蜥蜴和蛇的鳞片具备了在磨料作用下的较高耐磨性，这可以为农机触土部件耐磨结构的仿生设计提供参考。

2.1.4　凹坑形耐磨几何结构

自然界生物的耐磨结构形式多种多样，性能各异，其中凹坑形的耐磨几何结构就是其中的一种典型形式。有些种类蜣螂的头背部分布着鱼鳞状凹坑形几何结构，凹坑深度为 $15\sim20\mu m$，长为 $100\sim200\mu m$，宽为 $70\sim100\mu m$，凹坑中央生有短刚毛。观察发现，雄性蜣螂的头部凹坑的凹陷程度比雌性的更加明显，这是由于雄性更多地参与了割、推粪便和挖洞的活动之中而长期进化的结果（见图 2-4a）。步甲胸节背板表面也密布凹坑形态（见图 2-4b），对于生活在沙漠中的甲虫来说，这种形态还是其赖以生存的饮水工具，凸起的部分具有亲水性，而凹坑具有疏水性，当大雾来临时，步甲身体倒立，细小的雾滴便粘在凸起部分，当雾滴积累到一定程度时，依靠重力作用从“山峰（凸起）”滑下“山谷（凹坑）”，并沿疏水区导入步甲的口器中。还有一些大自然后天形成的凹坑形结构，也具备良好的力学性能。例如，为了让高尔夫球飞得更远，人们把高尔夫球表面做成凹坑形（见图 2-7a），当球在空中飞行时，气流在球表面形成薄薄的边界层，使气流紧贴在球的表面并更多地向后流动，减小了尾流区，增加了球后方的压力，这样球就可以飞得更远。天空中坠落的陨石，在坠落过程中与大气层发生激烈的碰撞和摩擦，并留下了凹坑形表面形态（见图 2-7b），在这种情况下形成的凹坑形表面形态应该是耐摩擦、耐高温、耐磨损的表现形式。

土壤洞穴动物蝼蛄（见图 2-4c）和水生软体动物贝壳（见图 2-4d）的身体表面也具有类似的凹坑形耐磨几何结构，在其生存环境中均表现出了良好的耐磨性。

2.1.5　螺旋形耐磨几何结构

方斑东风螺、田螺、织纹螺和蜗牛均进化出了螺旋形几何结构特征（见图 2-5）。方斑东风螺又名花螺、泥螺和南风螺，属腹足纲、新腹足目、蛾螺科、东风螺属，在我国台湾海峡、东南沿海，以及日本沿海、泰国沿海均有分布。方斑东风螺是我国分布的几种东风螺中个体较大、生长速度较快的一种。经过亿万年的进化，方斑东风螺的壳体进化成了螺旋形态，这种螺旋形态在其生活的海水中长期承受水砂石的磨料磨损，但耐磨性突出，这与其螺壳的螺旋几何结构与材料的综合作用有关，因此，这种螺旋几何结构可为磨料颗粒作用下的耐磨结构的仿生设计提供学习对象。其他生物如田螺、织纹螺和蜗牛等也具有类似的螺旋结构形态，这些螺旋结构是否也具备耐磨料磨损的特性，有待进一步的研究。

a)

b)

图 2-7　高尔夫球表面和陨石表面凹坑形态

a）高尔夫球表面　b）陨石表面

2.2　生物耐磨几何结构特征提取及数学模型建立

2.2.1　生物特征提取

本项研究的一个主要研究内容是利用仿生技术提高深松铲刃的耐土壤磨料磨损性能。穿山甲是典型的土壤洞穴动物，其鳞片与扇贝瓣的磨损形式相似，同时又具有类似的表面棱纹形几何结构。因此，本项研究将穿山甲体表鳞片与栉孔扇贝瓣确定为生物原型，对深松铲刃的耐磨结构进行仿生设计。

利用逆向工程技术对穿山甲鳞片和栉孔扇贝瓣的外表面棱纹形几何结构进行生物信息的提取，具体步骤如下。

1. 研究对象的获取

穿山甲鳞片采自一只自然死亡的穿山甲；栉孔扇贝采自山东威海。

2. 预处理

利用无水乙醇将鳞片和贝壳清洗干净，并在自然条件下风干。为了信息提取更精确，在鳞片和贝壳表面喷涂显影剂（DPT – 5）。

3. 所需仪器设备

采用 LSV50 型三维激光扫描仪（见图 2-8）（制造商：智泰科技股份有限公司）进行相关操作。

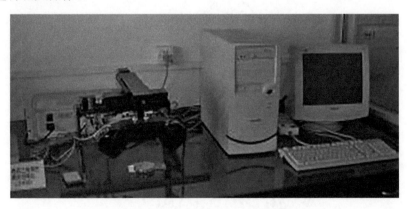

图 2-8　LSV50 型三维激光扫描仪

4. 数字信息获取

利用 LSV50 型三维激光扫描仪对上述两种试验样品（穿山甲鳞片和栉孔扇贝瓣）进行三维激光扫描，获得三维点云。

5. 点云处理

将扫描后获得的试验样品三维点云导入处理软件 IMAGEWARE，进行必要的误差点处理、平滑处理和精简处理等。处理后的样品三维点云如图 2-9、图 2-10 所示。

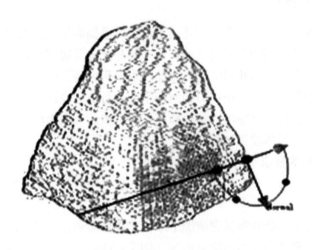

图 2-9　穿山甲鳞片三维点云

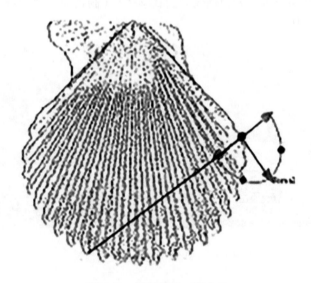

图 2-10　栉孔扇贝三维点云

6. 特征信息提取

利用 IMAGEWARE 软件中的点云处理模块，将截面以垂直于棱纹形几何结构的方向对两种样品的三维点云进行截取（见图 2-9、图 2-10 中黑线），得到样品横截面轮廓线的特征点及其坐标（见图 2-11、图 2-12 中黑点）。

7. 曲线拟合

利用正弦函数对截取到的两种试验样品横截面的轮廓特征点进行数据拟合，得到了拟合曲线，如图 2-11 和图 2-12 所示。

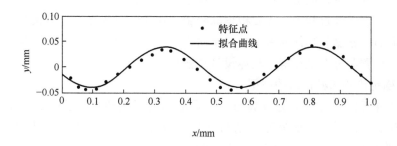

图 2-11 穿山甲鳞片横截面轮廓特征点及拟合曲线

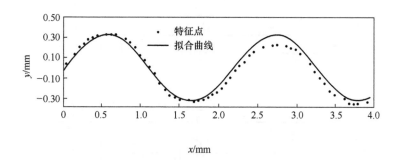

图 2-12 栉孔扇贝瓣横截面轮廓特征点及拟合曲线

2.2.2 数学模型建立

分析两种试验样品（穿山甲鳞片、栉孔扇贝瓣）的横截面轮廓特征点的分布规律，发现两种点云均具有正弦函数的数学特征，只是振幅的大小略有差异，因此，确定采用正弦函数类型的曲线进行拟合，得到了如图 2-11 和图 2-12 所示的两条拟合曲线（黑实线）。这类函数曲线可以用以下的标准正弦函数方程表达：

$$f(x) = a\sin(bx + c) \tag{2-1}$$

式中 a、b、c——实常数，且 a、b 不为 0。

2.3 仿生棱纹形深松铲刃设计制造

2.3.1 仿生棱纹形深松铲刃的设计原则及步骤

本项研究所设计的仿生棱纹形耐磨深松铲刃是在传统深松铲刃的基础上进行仿生设计。在设计过程中，需要根据深松铲工作时铲刃所受的应力状况确定结构参数。同时，根据生物体原有参数确定仿生棱纹结构的尺寸参数，以及在铲刃表面的分布位置和分布规律等。具体设计步骤如下。

1. 确定传统深松铲刃的类型

传统深松铲刃可以分为双翼形、鸭掌形和凿形三种，为了便于分布棱纹结构，本研究选用凿形深松铲刃（见图 2-13 及表 2-1）作为设计类型。除仿生结构外，其余结构参数按照 JB/T 9788—2020 确定。

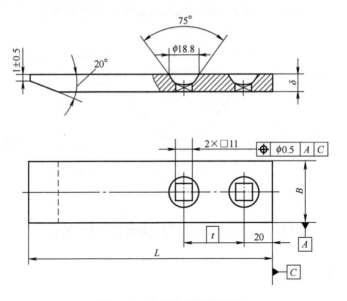

图 2-13　传统凿型深松铲刃

表 2-1　凿形深松铲刃技术参数　　　　　　（单位：mm）

B	L	t	δ
40	165	40	10
60	165	40	10

2. 仿生几何结构在铲刃上的分布形式

深松铲在工作过程中，需要以一定的倾角入土，在耕深稳定后，土壤将以此倾角对铲刃的前触土面产生冲击磨损，深松铲刃也是深松铲磨损的主要承担对象，而后端面及两侧磨损很小，因此确定将仿生棱纹几何结构分布于铲刃的前触土面并与土壤的运动方向垂直。

3. 仿生棱纹形几何结构形式确定

仿生棱纹形几何结构形式可以采用不连续的条状结构和连续的整条结构两种形式。考虑到生物原型的几何结构形式及加工工艺性和实际的磨损状况，本项研究设计的仿生棱纹形几何结构采用条状整体形式。

4. 设计软件的选择

目前，常用的设计软件有 UG、Pro/E、AutoCAD、CATIA 等，其中 CATIA 是应用最为广泛的一种，而且它既可以直接与数控加工设备完全对接（设计完成的产品数据可以直接输入数控加工机床），又可与其他的结构分析、力学分析等软件安全兼容，因此选用 CATIA 三维建模软件对仿生棱纹形几何结构深松铲刃进行结构设计。

2.3.2　仿生棱纹形几何结构深松铲刃设计

对两种样品的轮廓拟合曲线数学模型进行参数的优化设计。结合式（2-1）所示的正弦函数曲线方程，并充分考虑磨损试验的可操作性和磨损样件的加工工艺性，确定最终的仿生棱纹条的横截面轮廓曲线方程为

$$f(x) = 1.3\sin(0.4x) \tag{2-2}$$

式中　x——横截面水平方向位置坐标值（mm）。

在充分考虑铲刃触土表面的整体尺寸、耕作要求、机械加工工艺性及经济性等因素的基础上，并根据生物体表的棱纹形几何结构尺寸，优化设计后，得到如图 2-14 所示的条状仿生棱纹形结构。

仿生棱纹条的长度 $L = 30$mm，底宽 $D = 5$mm，高 $H = 1.3$mm。仿生棱纹条在铲刃触

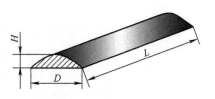

图 2-14　仿生棱纹形几何结构单体

土面布置的方向与土壤在铲刃表面的运动方向垂直，分布间距分为 $1D$、$1.5D$、$2D$ 三种形式，即棱纹条的分布间距为 5mm、7.5mm 和 10mm 三种。最终完成设计的仿生棱纹形几何结构深松铲刃如图 2-15a ~ c 所示。为了在磨料磨损试验中对比耐磨性，同时设计了普通平板型样件，如图 2-15d 所示。

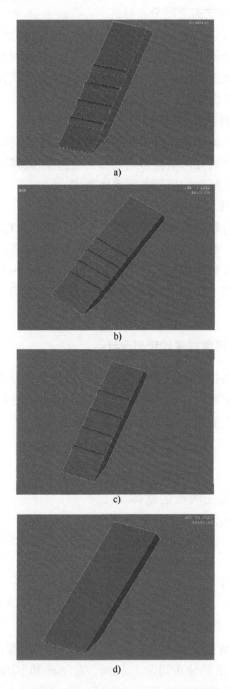

图 2-15　仿生棱纹形几何结构深松铲刃及平板型深松铲刃样件

a) 1D 型　b) 1.5D 型　c) 2D 型　d) 平板型

2.3.3　仿生棱纹形几何结构深松铲刃制备

试验样件采用耐磨金属材料加工制造，加工制造的工艺流程如下。

1. 材料的选择

深松铲刃在工作过程中除应具备较高的耐磨性，还应具有优良的综合力学性能。65Mn 和 T10 钢是加工制造高耐磨性、高韧性工件的理想材料，二者均具有优良的综合力学性能（见表2-2 和表2-3），并且性价比较高，因此，被确定为深松铲刃的制造材料。

表 2-2　65Mn 钢化学成分及力学性能

材料	化学成分（质量分数,%）	力学性能
65Mn	C：0.62~0.70 Si：0.17~0.37 Mn：0.90~1.20 P：≤0.035 S：≤0.035 Ni：≤0.30 Cr：≤0.15 Cu：≤0.25	抗拉强度 R_m：825~925MPa 屈服强度 R_{eL}：520~690MPa 断后伸长率 $A_{11.5}$：14%~22.5% 断面收缩率 Z：≤10% 硬度：热轧≤302HBW 热轧＋热处理≤321HBW

表 2-3　T10 钢化学成分及力学性能

材料	化学成分（质量分数,%）	力学性能
T10	C：0.95~1.04 Si：≤0.35 Mn：≤0.40 P：≤0.035 S：≤0.030 Cr：≤0.25 Ni：≤0.20 Cu：≤0.30	高耐磨性，淬火后硬度≥62HRC 抗弯强度 σ_{bb}：311kgf/mm^2 冲击韧度 a_K：46J/cm^2 断裂韧度 K_{IC}：520N/mm$^{3/2}$

注：1kgf/mm^2 =9.80665MPa。

2. 加工工艺及设备

考虑到铲刃表面的棱纹条尺寸较小，同时要求加工精度较高（误差≤0.05mm），因此确定采用电火花线切割的加工方式进行制造，设备为 DK7716F

型电火花线切割机床。

3. 热处理

为使试验样件具有较高的耐磨性和韧性，机械加工完成后，应对样件进行必要的热处理。

65Mn 样件热处理工艺：真空炉中加热至 850℃，保温 50min 后，在油中冷却，取出样件，在 190℃ 的条件下回火 150min。

T10 样件热处理工艺：在真空炉中加热至 840℃ 后，保温 1h，淬火之后在 200℃ 温度下保温回火 120min。热处理后，两种材料样件表面硬度应达到 48 ~ 60HRC。本试验样件在工作过程中要承受较大的冲击载荷，并会受到剪切应力，因此，在进行热处理时除考虑耐磨性，还应使其具有较高的韧性。

加工后的样件如图 2-16 所示。

4. 铲刃触土面的硬度测试

加工后的铲刃需要进行硬度测试，测试设备为吉林大学材料工程学院的洛氏硬度仪，每个样件测试 5 个点，取其均值，且表面上每个点的最低硬度不得低于 48HRC，将不符合测试要求的样件淘汰掉。

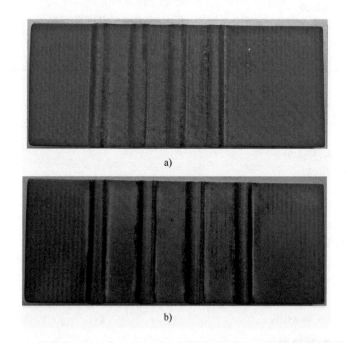

a)

b)

图 2-16　不同分布间距的仿生棱纹形几何结构深松铲刃及平板型深松铲刃样件

a) 1*D* 型　b) 1.5*D* 型

图 2-16　不同分布间距的仿生棱纹形几何结构深松铲刃及平板型深松铲刃样件（续）

c) 2D 型　d) 平板型

2.4　生物防黏减阻特性

2.4.1　土壤洞穴动物减阻特性分析

　　小家鼠，又称家鼠、褐鼠或小鼠，属哺乳纲、啮齿目、鼠科，为鼠科中的小型鼠。小家鼠为家、野两栖鼠类，人类伴生种，栖息环境非常广泛，凡是有人居住的地方，都有小家鼠的踪迹。住房、厨房、仓库等各种建筑物，以及衣箱、橱柜、打谷场、荒地、草原等都是小家鼠的栖息处。

　　小家鼠可谓恶名远扬，主要是源于它对人类生存环境的破坏及某些疾病的传播。但是，除了这些不为人类所接受的缺点，小家鼠还有很多优点值得我们学习，如其爪趾具备高效的土壤挖掘特性。这为高效的土壤作业工具的发明与创造提供了学习的对象。

　　研究发现，小家鼠之所以具有优秀的土壤挖掘本领，主要得益于其爪趾具有降低土壤挖掘阻力的优良几何结构形态和优化的生物力学特性。图 2-17 所示为

a)

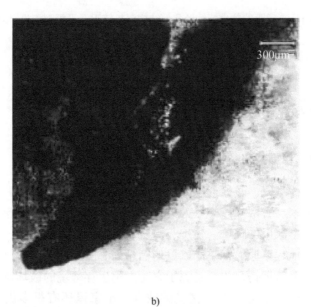

b)

图2-17　小家鼠爪趾形态

a）小家鼠前爪　b）小家鼠前爪中趾

小家鼠爪趾形态。小家鼠爪趾的横断面是月牙形状而不是圆形或椭圆形，整体结构类似于弯曲的锥形，这种弯曲形状有利于小家鼠爪趾在挖洞时能够轻而易举地切入土壤，并实现高效的连续挖掘。在挖土过程中，小家鼠的爪趾依靠爪部肌肉、胫、腱的相互协调作用可实现其柔性调节，能根据土壤的实际状况（坚实度、含水量等）实时调节挖掘力和切入角等，这种综合作用的结果充分发挥了其爪趾的脱附减阻功能，最大限度地降低了能量消耗，提高了工作效率。另外一些具有挖掘功能的动物爪趾则不具备这样的优化结构，如蝼蛄用来挖掘土壤的前爪具有四根彼此相对位置固定的爪趾，不能进行有效的实时调节，但它可以依靠爪趾上密生的刚毛和非光滑爪趾表面的相对运动产生弹性变形或微振动，从而除掉附着于爪趾表面的土壤，达到防黏减阻的目的。

2.4.2　仿生减阻几何结构信息提取及数学模型建立

根据本章参考文献［1］的研究结果，对小家鼠前爪中趾纵剖面上表面轮廓曲线的相对位置坐标进行了数学回归分析，选用的方程分别为二次多项式、三次多项式、四次多项式及指数函数。分析结果表明，指数函数能够准确地描述爪趾纵剖面上表面轮廓曲线，拟合曲线方程为

$$y = -66.61e^{0.0117x} + 17.78e^{-0.1835x} \tag{2-3}$$

方程的回归系数 $R^2 = 0.9977 > 0.99$，说明方程的拟合程度较高，回归方程准确。

根据小家鼠爪趾纵剖面上表面轮廓线相对位置坐标点得到了爪趾纵剖面上表面轮廓线的回归曲线，如图 2-18 所示。根据所获得的回归方程［见式（2-3）］和曲率计算公式［见式（2-4）］可以计算出曲线上各个点的曲率及曲率半径的变化。

$$K = \frac{|y''|}{(1+y'^2)^{\frac{3}{2}}} \tag{2-4}$$

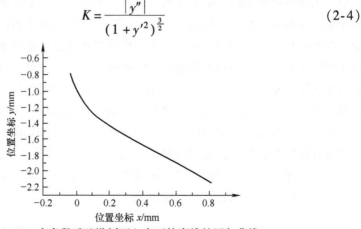

图 2-18　小家鼠爪趾纵剖面上表面轮廓线的回归曲线

图 2-19 所示为小家鼠爪趾纵剖面上表面轮廓线曲率变化,即为图 2-18 所示的曲线在每个坐标点的曲率半径,可以发现,小家鼠爪趾纵剖面上表面轮廓线的曲率半径的变化具有类似双抛物线特征。

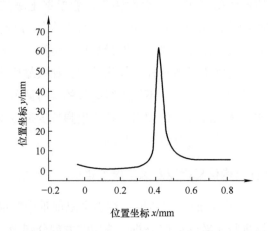

图 2-19　小家鼠爪趾纵剖面上表面轮廓线曲率变化

2.5　仿生减阻深松铲柄设计制造

2.5.1　仿生减阻深松铲柄的设计原则

深松铲在工作过程中,在耕深稳定后,其耕作阻力大部分来自于铲柄破开坚硬犁底层时与土壤的摩擦力和黏附力,另一部分则是铲刃切削底层土壤的阻力。因此,若能将铲柄的破土阻力降低,将可减小深松铲的耕作阻力。深松铲破开坚硬犁底层主要依靠的是铲柄的破土刃口,因此,铲柄破土刃口的结构形式直接决定了深松铲柄破土阻力的大小。本小节确定将小家鼠爪趾纵剖面上表面轮廓线应用于深松铲柄的破土刃口曲线的几何结构设计之中,在设计过程中需要同时考虑相对于传统铲柄的圆弧形破土刃口曲线形式,仿生减阻深松铲破土刃口曲线形式的改变对深松铲的入土性能、土壤扰动状况和深松质量(土壤的疏松程度是否达到农艺要求、深松铲对铲刃以下土壤的压实作用等)的影响。铲柄破土刃口的仿生曲线要能够与铲柄的其他部分平滑连接,不能出现拐点,以免影响减阻质量。同时,还要考虑仿生铲柄破土刃口曲线的加工工艺性,要易于实现加工,并保证加工精度,而且要严格控制加工制造成本。

2.5.2 仿生减阻深松铲柄结构参数确定

深松铲的结构参数直接决定了深松铲的耕作阻力大小，其结构参数包括：耕深（d）、深松铲入土深度范围内水平弯曲长度（L）、纵深比（L/d）、铲柄入土部分最大宽度（W）、铲柄厚度（T）、楔角（α）、间隙角（ε），以及铲刃形状和铲柄破土刃口曲线形式等。本小节根据土壤洞穴动物触土部位几何结构信息、深松耕作要求和农艺要求确定其结构参数的最优值，使深松铲的耕作阻力达到最小。

1. 耕深

传统深松铲的耕深一般在 $250 \sim 450 \mathrm{mm}$，然而，受到近几年水土流失加剧、化肥使用量增加及农业机具对土壤压实越来越严重的影响，导致土壤耕作层变薄、犁底层变厚，要想彻底打破犁底层，深松耕作深度应有所增加。本书中所设计的深松铲最大耕深确定为 $500 \mathrm{mm}$。

2. 纵深比

纵深比是影响深松铲耕作阻力的主要因素，纵深比的选取将直接影响深松铲的耕作性能。已有研究发现，当深松铲的纵深比在 $0.68 \sim 1.04$ 时，深松铲的耕作阻力较小，即纵深比存在一确定值使耕作阻力最小。研究结果表明，当纵深比为 0.8 时，深松耕作阻力达到最小值。因此，本书中确定仿生减阻深松铲的纵深比为 0.8。

3. 楔角

楔角是深松铲的入土方向与水平面之间的夹角，如图 2-20 所示。楔角也是影响深松铲耕作阻力的主要因素，楔角的选取将对深松铲的入土性能产生显著影响，同时，楔角也是决定深松铲形状的主要参数之一。楔角的选择需要综合考虑耕深、作业速度及土壤类型。耕深越大，耕作速度越高，则楔角越趋向较小值，反之则趋向较大值。研究发现，具有优良挖掘特性的动物的爪趾楔角均在一确定

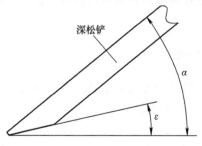

图 2-20　深松铲楔角及间隙角示意图

α—楔角　ε—间隙角

的范围内变化。例如，穿山甲爪趾、蚂蚁爪趾、鼹鼠爪趾及蝼蛄爪趾的楔角分别为20°、30°、50°和20°，由此可以发现，楔角在20°~50°范围内，且都小于能够导致土壤压实作用的角度（50°）。经测量发现，小家鼠爪趾的楔角平均值为24°，也在上述范围内，故本书确定仿生减阻深松铲的楔角为24°。

4. 间隙角

间隙角是深松铲刃下前斜端面与水平面之间的夹角，如图2-20所示。间隙角是引起深松铲刃对其下面和侧面土壤压实的主要因素。依据 JB/T 9788—2020中深松铲刃的设计标准，同时兼顾楔角的选取数值，确定本书中设计的铲刃间隙角为4°。

5. 铲柄宽度和厚度

铲柄入土部分最大宽度和铲柄厚度不仅能够显著影响深松铲的耕作阻力，还是决定深松铲结构强度及耕深的重要因素。如果铲柄宽度或厚度过大，虽然可以使深松铲柄的强度更高，安全系数增加，但也必然会增加土壤与铲柄的摩擦与黏附，最终导致耕作阻力变大；如果铲柄宽度或厚度过小，当耕深增加、遇到障碍物或耕作板结的土壤时，均会导致耕作阻力突然增大而使铲柄扭曲变形或折断。根据本书设计的深松铲的最大耕深，并参考 JB/T 9788—2020 的深松铲柄设计要求，确定仿生减阻深松铲柄入土部分最大宽度为60mm，铲柄厚度为30mm。

6. 铲刃类型的确定

根据2.3节介绍的内容，确定深松铲的铲刃类型为凿形深松铲刃。

7. 深松铲柄破土刃口曲线准线和母线形式

将小家鼠前爪趾的中趾纵剖面上表面轮廓曲线的结构形式应用于仿生减阻深松铲柄的破土刃口曲线准线的结构设计之中，其母线采用形如" < "的等边折线形，即深松铲破土刃口曲线段的横截面呈60°角的楔形。

其他结构参数，包括铲柄安装段的紧定螺钉孔、铲刃安装段结构及尺寸参数等均参照 JB/T 9788—2020 的标准规定进行设计。铲刃与铲柄用两根 M10 的沉头螺栓连接。

2.5.3 仿生减阻深松铲柄设计

根据2.5.2小节确定的铲柄几何结构参数的最优值，选用三维建模软件CATIA 对仿生减阻深松铲柄进行结构设计。

为了后续的深松耕作阻力的对比试验需要，同时设计了仿生指数函数曲线型、L型（破土刃口曲线准线为竖直线）、倾斜型（破土刃口曲线的准线为倾斜的直线）和抛物线型（破土刃口曲线准线为抛物线）深松铲柄。这四种铲柄除破土刃口曲线的准线形式不同，其他结构参数均参照 JB/T 9788—

2020 及仿生减阻深松铲柄的结构参数进行设计。四种不同类型的深松铲柄三维实体模型如图 2-21 所示。

2.5.4　深松铲柄加工制造

深松铲柄应具有较高的强度和耐磨性，尤其是铲柄破土刃口表面的耐磨性。本书中设计的四种深松铲柄的加工制造主要考虑以下几方面的因素。

1. 材料选择

目前，深松铲柄的制造材料多以碳素结构钢为主，其中 45 钢是应用最多的一种。45 钢是优质碳素结构钢，其综合力学性能优越，适合用于受力复杂工件的制造。故本书的设计中选用 45 钢作为深松铲柄的加工制造材料。

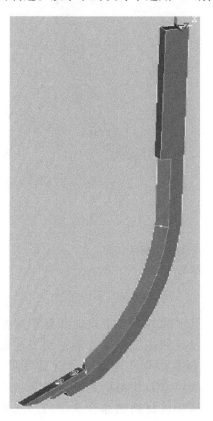
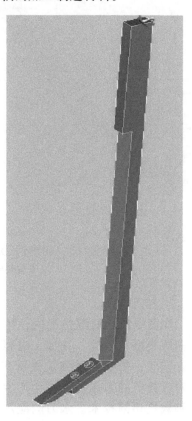

a)　　　　　　　　　　　　　　　　　b)

图 2-21　四种不同类型的深松铲柄三维实体模型

a）仿生指数函数曲线型铲柄　b）L 型铲柄

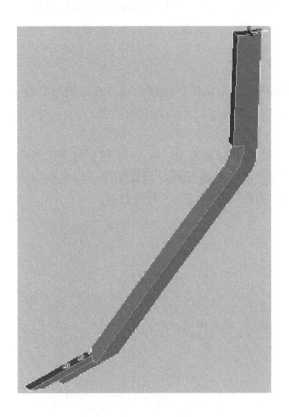 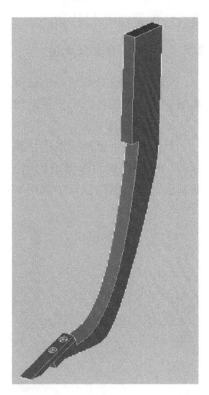

c)   d)

图2-21　四种不同类型的深松铲柄三维实体模型（续）

c）倾斜型铲柄　d）抛物线型铲柄

2. 加工设备

本书中设计的深松铲柄，特别是仿生减阻铲柄的破土刃口曲线是不规则的曲线类型，因此，在加工过程中需要保证较高的加工精度才能达到工艺要求。同时，铲柄属于细长件，在加工过程中极易因加工热效应而导致变形，这对深松铲的工作性能将会产生严重影响。数控水刀切割机是近年来新兴的一种数控切割技术。水刀的应用范围很广，从金属材料到非金属材料，从天然材料到人工材料，从食品到生活用品，基本都可进行切割，因此被称为"万能切割机"。目前，主要的应用领域有：陶瓷及石材等建筑材料加工、玻璃制品加工、金属板材切割及广告牌、艺术图案的切割等。水刀是冷态切割，切割过程中不产生热效应、不变形、无挂渣、无烧蚀，不会改变材料的物理化学性质，而且割缝小，可以提高材料的利用率高。同时，水刀的切割介质只有水和天然磨料，切割时不会产生新的物质，是很好的清洁环保切割技术。切割过程不会损伤工件表面，切割后的工件加工表面整齐平滑，可以完成许多切割工具无法实现的加工工艺。基于上述加工优势，本书确定选用数控水刀切割机对深松铲柄进行切割加工，切割机型号为 HSQ2520S 型（制造商：南京合展精密技术有限公司）。

3. 工艺过程及要求

铲柄的加工过程中最主要的是保证破土刃口曲线的加工精度，这需要根据曲线的曲率半径变化进行走刀，因此，每段弧线需要圆滑，不能出现连接拐点，否则不但会使铲柄的破土阻力增加，而且还可能造成耕作过程中因应力集中而导致铲柄折断。另外，还要保证刃口曲线共面，不发生弯曲变形；铲刃安装段加工为圆弧面连接，避免出现应力集中现象。

4. 热处理

加工后的铲柄需要进行必要的热处理加工，这主要是为了保证铲柄的耐磨性和韧性，使之具有最佳的综合力学性能。铲柄在 840° 加热并保温 90min，水冷，在 600° 条件下保温 240min 后回火。热处理后，铲柄破土刃口表面硬度达到 50HRC 以上。利用洛氏硬度仪对铲柄破土刃口进行硬度测试，要求其表面硬度达到 50HRC 以上，否则须重新进行热处理。加工后的四种不同类型深松铲柄如图 2-22 所示。

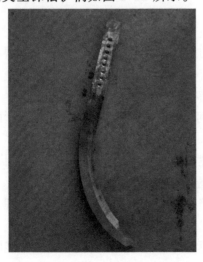
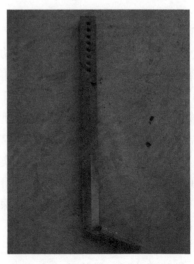

a)　　　　　　　　　　　　　　b)

图 2-22　加工后的四种不同类型深松铲柄
a）仿生指数函数曲线型铲柄　b）L 型铲柄

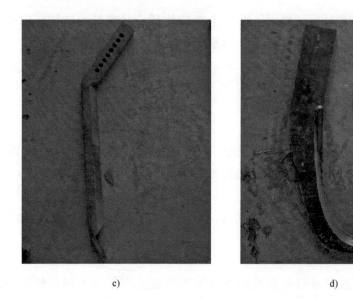

c)   d)

图 2-22　加工后的四种不同类型深松铲柄（续）

c）倾斜型铲柄　d）抛物线型铲柄

2.6　小结

本章介绍的主要内容如下：

1）系统介绍了自然界具有耐磨功能的生物耐磨几何结构，为仿生耐磨几何结构深松铲刃的设计制备提供了仿生信息。

2）确定了深松铲刃仿生棱纹形几何结构的生物原型，并利用逆向工程技术对生物信息进行了提取，建立了棱纹形几何结构的数学模型，为仿生棱纹形耐磨几何结构深松铲刃的设计提供了数学基础。

3）运用仿生学原理，借助三维实体建模软件并结合实际的触土工作状况，设计了三种不同分布间距的仿生棱纹形耐磨深松铲刃。

4）加工制造了仿生棱纹形耐磨深松铲刃样件，并对铲刃进行了热处理，同时对其表面硬度进行了测量。

5）介绍了具有防黏减阻特性的土壤洞穴动物，对其具有高效挖掘功能的爪趾结构进行了分析，最终将小家鼠爪趾确定为仿生减阻深松铲柄减阻几何结构设计的生物原型，并根据二次多项式、三次多项式、四次多项式和指数函数对小家鼠前爪趾纵剖面上表面轮廓线回归分析的结果，得到了具有指数函数曲线特征的爪趾准线轮廓的回归曲线，并将其确定为仿生减阻深松铲柄破土刃口曲线的仿生设计基础。

6）对仿生减阻深松铲柄的几何结构参数进行了优化设计，在结合实际耕作条件的基础上完成了具有减阻功能的仿生深松铲柄的设计制造。同时设计了指数型、L 型、倾斜型和抛物线型深松铲柄，为仿生深松铲土壤耕作阻力对比试验做好前期准备。

参 考 文 献

[1] 张金波. 典型农机触土工作部件犁铧耐磨方法研究 [J]. 现代化农业, 2020 (5)：62 – 63.

[2] 贾洪雷, 孟凡豪, 刘立晶, 等. 芯铧式开沟器仿生设计与试验 [J]. 农业机械学报, 2020, 51 (4)：44 – 49, 77.

[3] 邓涛, 常影, 赵玉山, 等. 铧式犁表面仿生改进的优化研究 [J]. 吉林农业科技学院学报, 2018, 27 (1)：22 – 25, 116 – 117.

[4] 霍鹏, 李建平, 杨欣, 等. 鲨鱼盾鳞仿生起苗铲减阻仿真分析 [J]. 机械设计与制造, 2023 (3)：242 – 248.

[5] 刘露, 王莲冀, 胡红, 等. 农机触土部件仿生减黏技术研究现状及展望 [J]. 农业装备与车辆工程, 2022, 60 (7)：27 – 31.

[6] GORB S N. Frictional surfaces of the elytra – to – body arresting mechanism in tenebrionid beetles (coleoptera：tenebrionidae)：design of co – opted fields of microtrichia and cuticle ultrastructure [J]. International Journal of Insect Morphology & Embryology, 1998, 27 (3)：205 – 225.

[7] PARKER A R, LAWRENCE C R. Water capture by a desert beetle [J]. Nature, 2001, 414：33 – 34.

[8] 孙久荣, 戴振东. 非光滑表面仿生学 [J]. 自然科学进展, 2008, 18 (3)：241 – 246.

[9] 全国农业机械标准化技术委员会. 深松铲和深松铲柄：JB/T 9788—2020 [S]. 北京：机械工业出版社, 2020.

[10] 周文凤, 李昌安, 王武顺. 65Mn 钢弹簧垫圈热处理工艺改进 [J]. 热加工工艺, 2010, 39 (6)：163 – 164.

[11] 黄杉. 65Mn 弹簧夹紧夹头热处理工艺的研究 [J]. 热加工工艺, 2007, 36 (20)：62 – 66.

[12] 全国热处理标准技术委员会. 金属热处理标准应用手册 [M]. 北京：机械工业出版社, 1994.

[13] 李海龙. 高锰钢性能的研究和提高 [D]. 长春：长春理工大学, 2007.

[14] 郭志军. 土壤深松部件高效节能仿生设计及有限元分析 [D]. 长春：吉林大学, 2002.

[15] 曾德超. 机械土壤动力学 [M]. 北京：北京科学技术出版社, 1995.

[16] GILL W R, VANDENBERG G E. Soil dynamics in tillage and traction [M]. Washington D. C.：U. S. Government Printing Office, 1967.

[17] Ren Luquan, Xu Xiaobao, Chen Bingcong, et al. Initial research on claw shapes of the typical soil animals [J]. Transactions of The Chinese Society of Agricultural Machinery, 1990,

21 (2)：44－49.

[18] 路云. 仿生储能－仿形深松装置设计与试验研究 [D]. 长春：吉林大学，2023.

[19] 王小波. 基于离散元法仿生深松铲的设计与试验研究 [D]. 成都：四川农业大学，2023.

[20] 聂晨旭. 基于 DEM 的带翼深松铲设计优化及试验 [D]. 重庆：西南大学，2023.

[21] 翟宜彬. 基于离散元法的丘陵山地仿生深松机构设计与试验 [D]. 杭州：浙江理工大学，2023.

[22] 赵永来，王利鹤，牛文学，等. 基于耦合式仿生海豚深松铲的作业机理分析 [J]. 南方农机，2022，53 (22)：1－4，22.

[23] 高连龙. 深松过程中玉米秸秆运动研究及深松铲的设计 [D]. 哈尔滨：东北农业大学，2022.

[24] 胡伟，刘大欣，付明刚，等. 仿生偏柱式减阻深松铲设计及离散元仿真分析 [J]. 农业工程，2022，12 (5)：84－88.

[25] 邹亮亮，刘功，苑进，等. 主动润滑减阻曲面深松铲设计与试验 [J]. 农业机械学报，2022，53 (6)：34－43.

[26] 王晓阳，潘睿，强华，等. 仿生几何结构表面深松铲铲尖设计与试验 [J]. 中国农机化学报，2022，43 (1)：1－6.

[27] 黄伟华，基于红壤黏土条件下凿式深松铲仿生减黏机理研究 [Z]. 湛江：中国热带农业科学院农业机械研究所，2021.

[28] 袁洪印，张颖. 标准深松铲设计方法研究 [J]. 现代农村科技，2021 (11)：69－70.

[29] 袁洪印，李晓波. 深松铲研究进展与分析 [J]. 农业与技术，2021，41 (17)：52－55.

[30] 张智泓，甘帅汇，左国标，等. 以砂鱼蜥腹部为原型的仿生深松铲尖设计与离散元仿真 [J]. 农业机械学报，2021，52 (9)：33－42.

[31] 蒋啸虎. 基于土壤动力学的减阻深松铲及耕深检测装置设计与研究 [D]. 长春：吉林大学，2021.

[32] 甘帅汇. 砂鱼蜥运动方式和头部几何结构的仿生深松铲尖应用研究 [D]. 昆明：昆明理工大学，2021.

[33] 张鹏，郭志军，金鑫，等. 仿生变曲率深松铲柄减阻设计与试验 [J]. 吉林大学学报（工学版），2022，52 (5)：1174－1183.

[34] 马昊宇. 曲面深松铲润滑减阻及润滑肥液溶质运移仿真与试验研究 [D]. 泰安：山东农业大学，2021.

[35] 马文鹏，尤泳，王德成，等. 多年生苜蓿地切根补播机低阻松土铲设计与试验 [J]. 农业机械学报，2021，52 (2)：86－95，144.

[36] 杨超. 基于滑切原理的交互式分层深松铲设计与试验 [D]. 哈尔滨：东北农业大学，2020.

[37] 王立冬. 双耦合仿生减阻深松铲性能试验研究 [D]. 长春：吉林大学，2020.

[38] 于云峰，王彬. 玉米地仿生减阻式深松铲的设计 [J]. 湖北农机化，2020 (5)：143－144.

[39] 马志凯，谭文豪，霍倩，等. 基于 3D 打印的仿生深松铲尖设计 [J]. 河北农机，2020

(1)：16 – 17.

[40] 辛振波. 液体润滑减阻式曲面深松铲结构设计与性能试验 [D]. 泰安：山东农业大学，2019.

[41] 张荣柱，刘学渊. 基于神经网络的深松铲作业阻力及功耗的预测模型研究 [J]. 林业机械与木工设备，2019，47（1）：20 – 25.

[42] 周健，纪冬冬，李立君. 深松铲减阻性及耕作阻力影响因素研究——基于 LS – DYNA [J]. 农机化研究，2019，41（5）：157 – 162.

[43] 邱兆美，张海峰，张伏，等. 基于有限元法的波纹形仿生深松铲仿真分析 [J]. 江苏农业科学，2018，46（16）：201 – 203.

[44] 鲍洋清. 基于 DEM 的新型仿生深松铲的研制 [D]. 泰安：山东农业大学，2018.

[45] 张广凯. 克氏原螯虾的生物耦合特性研究及其在触土部件上的应用 [D]. 昆明：昆明理工大学，2018.

[46] 纪冬冬. 深松铲减阻特性的研究 [D]. 长沙：中南林业科技大学，2018.

[47] 邱兆美，张海峰，张伏，等. 基于蚯蚓体表特征的仿生深松铲设计及分析 [J]. 江苏农业科学，2018，46（4）：210 – 212.

[48] 赵淑红，王加一，陈君执，等. 保护性耕作拟合曲线型深松铲设计与试验 [J]. 农业机械学报，2018，49（2）：82 – 92.

[49] 姜嘉胤. 基于离散元法的茶园仿生耕作刀具设计 [D]. 杭州：浙江农林大学，2023.

[50] 施润泽. 铁路除沙车仿生除沙铲设计及减阻耐磨分析 [D]. 石家庄：石家庄铁道大学，2023.

[51] 戈永乐. 大功率拖拉机振动深松机组减阻性能仿真分析与试验研究 [D]. 合肥：安徽农业大学，2023

[52] 陈朝阳. 仿生布利冈型结构磨料磨损和黏附特性研究及触土部件应用 [D]. 昆明：昆明理工大学，2023.

[53] 宋加乐. 玉米免耕播种机清茬深松分层施肥种床整备装置设计与试验 [D]. 合肥：安徽农业大学，2023.

[54] 田辛亮. 黑土区玉米秸秆混埋还田技术及其配套关键部件研究 [D]. 长春：吉林大学，2022.

[55] 尹志平. 基于鼹鼠爪趾结构仿生除草铲的设计与试验研究 [D]. 长春：吉林大学，2022.

[56] 张明星. 热风式深松土槽试验台的设计与试验 [D]. 合肥：安徽农业大学，2022.

[57] 苗佳峰. 除沙车仿生推沙板设计及减阻耐磨分析 [D]. 石家庄：石家庄铁道大学，2022.

[58] 乔屹涛. 铲式挖掘部件仿生设计及减阻脱附性能研究 [D]. 太原：太原理工大学，2022.

[59] 张琰，乔超雄，王天琪，等. 蝼蛄前足爪趾三维几何构形的减阻机理 [J]. 农业工程学报，2021，37（19）：309 – 315.

[60] 王莲冀，廖劲杨，胡红，等. 农机触土部件减黏脱附技术研究现状与展望 [J]. 中国农

机化学报，2021，42（8）：214－221.

[61] 孟凡豪. 滑动式开沟装置仿生设计与试验［D］. 长春：吉林大学，2021.

[62] 郎冲冲，徐路路，潘昊建，等. 三七种苗仿生挖掘铲设计与有限元分析［J］. 中国农机化学报，2020，41（9）：82－88.

[63] 王彬，徐建高，李维华. 北方玉米地仿生振动式深松机的研制及试验［J］. 农机化研究，2021，43（5）：104－108.

[64] 蒋开云. 基于巨蜥的仿生机构设计及其应用研究［D］. 桂林：桂林电子科技大学，2020.

[65] 李响. 胡萝卜联合收获机高效减阻松土铲结构设计与试验研究［D］. 哈尔滨：东北农业大学，2020.

[66] 王金武，李响，高鹏翔，等. 胡萝卜联合收获机高效减阻松土铲设计与试验［J］. 农业机械学报，2020，51（6）：93－103.

[67] 仝振伟. 烟草中耕培土机复合切削部件设计与试验［D］. 郑州：河南农业大学，2020.

[68] 张东光，左国标，佟金，等. 仿生注液沃土装置工作参数的优化与试验［J］. 农业工程学报，2020，36（1）：31－39.

[69] 王鹏飞. 基于蝼蛄爪趾结构的减阻机理研究［D］. 天津：天津科技大学，2020.

[70] 郑侃. 耕整机械土壤减黏脱附技术研究现状与展望［J］. 安徽农业大学学报，2019，46（4）：728－736.

[71] 张东光，左国标，佟金，等. 蚯蚓仿生注液沃土装置设计与试验［J］. 农业工程学报，2019，35（19）：29－36.

[72] 王韦韦. 麦秸覆盖地玉米免耕播种机秸秆壅堵机理与防堵技术研究［D］. 合肥：安徽农业大学，2019.

[73] 杨玉婉. 鼹鼠前足多趾组合结构切土性能研究与仿生旋耕刀设计［D］. 长春：吉林大学，2019.

[74] 郭明卓. 基于动态仿生的破茬深松联合作业机设计及关键技术研究［D］. 长春：吉林大学，2019.

[75] 张卓. 基于玉米大豆轮作模式的大豆精密播种技术研究及配套耕播机设计［D］. 长春：吉林大学，2019.

[76] 陈佳奇. 仿生凸包结构镇压轮的设计与试验［D］. 哈尔滨：东北农业大学，2019.

[77] 王明. 马铃薯仿生培土器设计与试验研究［D］. 咸阳：西北农林科技大学，2019.

[78] 贾得顺. 仿生推土板准线变曲率规律及其减阻性能研究［D］. 洛阳：河南科技大学，2019.

[79] 郑侃. 深松旋耕作业次序可调式联合作业机研究［D］. 北京：中国农业大学，2018.

[70] 王涛. 变频变幅振动深松试验台的改进设计与试验［D］. 广州：华南农业大学，2018.

[81] 严晓丽. 甘蔗叶覆盖地深松机设计与试验研究［D］. 大庆：黑龙江八一农垦大学，2018.

[82] 鲍洋清，许令峰，宋月鹏，等. 深松犁减黏降阻研究综述［J］. 安徽农业科学，2018，46（7）：33－35.

第3章 仿生棱纹形几何结构耐磨
深松铲刃磨料磨损试验研究

随着我国农业机械化程度的不断提高，农业机具的使用量也在逐年增加，每年都会有大量的农业机械触土部件失效报废，据统计，我国每年农业机械触土部件因磨损耗费钢材 1 万 ~2.5 万吨，造成巨大的经济损失。因此，提高农业机械触土部件耐磨性对于建设绿色环保、可持续发展、节能增效的现代化农业具有十分重要的现实意义。

土壤对于触土部件的磨损属于低应力二体磨料磨损。据测定，土壤中的主要成分为石英砂，其在土壤中的含量为 20% ~30%，平均硬度为 900 ~1250HV。土壤中石英砂的含量越高，土壤的硬度也越高，对触土部件的磨损速率越高。农机触土部件（犁铧、深松铲、开沟器等）的磨损决定于材料本身的性能和表面几何结构，且与外界因素的影响有关，尤其是使用寿命与耕作土壤的状况密切相关，见表 3-1。

表 3-1 典型农机触土部件在不同土壤条件下的使用寿命

（单位：亩/片）

农机触土部件材料	土壤类型		
	沙土	沙壤土	黏土
65Mn，65SiMnRE	50 ~70	200 ~300	300 ~500

注：1 亩 =666.67m²。

深松铲是典型的农机触土部件，由于深松铲的耕作阻力比一般的农机触土部件（犁铧、旋耕刀、开沟器等）大，因此所受的磨损程度高，尤其是深松铲刃的土壤磨料磨损现象尤为突出。深松铲刃的磨损不仅使深松质量达不到农艺要求，而且影响深松铲的入土性能，增大深松阻力，使牵引拖拉机的牵引力增加，造成能耗升高。本章介绍的内容主要是对仿生棱纹形几何结构深松铲刃的耐磨性进行研究。利用模拟土壤条件的磨料磨损试验机对深松铲刃进行模拟土壤的磨料磨损试验研究，探索磨料滑动速度、仿生棱纹几何结构分布间距及材料性能对深松铲刃耐磨性的影响规律，并探索仿生棱纹形几何结构深松铲刃的磨料磨损机理。

3.1 试验条件

1. 磨料

本试验所选用的磨料是石英砂与膨润土的混合物，其配比关系（质量分数）为：96.5%石英砂+3.5%的膨润土，石英砂的粒径为0.420~0.840mm，其组成成分见表3-2。膨润土的粒径为0.075mm，二者搅拌均匀。

表3-2　石英砂组成成分　　　　　　　　　　　　　　　（%）

SiO$_2$	Fe$_2$O$_3$	K$_2$O	MgO	含泥量
99.92	0.003	0.02	0.003	≤0.02

2. 磨料含水量

在磨料磨损试验过程中，利用流量计将磨料含水量控制在3%~5%（质量分数）。

3. 磨料滑动速度

本试验所用磨损试验机为转盘式磨料磨损试验机，因此，试验中的磨料滑动速度是根据试验机的转速（角速度）换算为磨料冲击样件表面时的线速度。选定的转盘式磨料磨损试验机的两种转速分别为72r/min和56r/min，换算为线速度后分别为3.02m/s和2.35m/s。转盘式磨料磨损试验机的转速通过变频器和三相异步电动机进行调节。

3.2 试验设备

1. JMM型转盘式磨料磨损试验机

本次试验采用吉林大学工程仿生教育部重点实验室的JMM型转盘式磨料磨损试验机，如图3-1所示。

该试验机可以利用变频器和三相异步电动机实现速度调节，而土壤压实程度的调节则可以通过调节与压实辊连接的绞盘机钢丝绳的升降来实现。试验样件固定在试样安装架上不动，通过装料转盘的转动，带动转盘中的磨料转动而实现对试验样件的磨损。试验机上的刮料板将试样型耕过的磨料翻整恢复原状，同时将由于离心力作用而堆积在装料转盘边缘的磨料清理回料盘内部，然后随着装料转盘的转动，平整后的磨料被三级压实辊压实，并重新参与试验样件的磨料磨损。试验机上的样件安装架一次停机可安装4个样件，并可实现自动间歇换位，使安

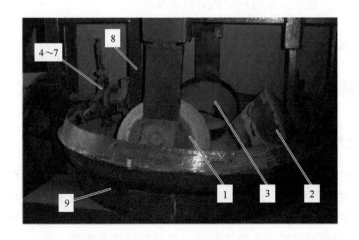

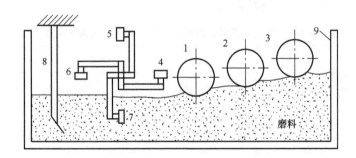

图 3-1　JMM 型转盘式磨料磨损试验机及工作原理

1～3—三级压实辊　4～7—样件安装架　8—松料铲　9—装料转盘

装的样件全部磨完后，再安装下一轮样件。样件安装在样件安装架上，并按照要求和倾斜角度埋入装料转盘的磨料内，装料转盘以一定转速带动磨料一起旋转，实现了磨料对样件表面的冲击磨损。试验机的工作原理如图 3-1 所示。

2. 变频器及驱动电动机

本试验的 JMM 型转盘式磨料磨损试验机采用三相异步电动机驱动，其转速变化是利用与电动机连接的变频器（西门子公司生产的 MICROMASTER Eco 型）调节电动机的输入电源频率来实现的。电动机的额定功率为 10kW，额定转速为 1450r/min，额定输入电压为 380V。

3. 试验所需其他设备工具

1）混料槽：用于混合搅拌磨料。

2）流量计：控制试验过程中的磨料含水量。

3）扳手：装卸试验样件。

4）M6 螺栓、螺母：紧固试样。

3.3 磨料磨损试验

3.3.1 试验方案

本章设定的磨料磨损试验需要考察仿生棱纹形几何结构的分布间距、滑动速度和材料特性对铲刃耐磨性的影响。表 3-3 所示为仿生棱纹形铲刃试验样件磨料磨损因素水平表，表 3-4 列出了在磨料粒径为 0.420～0.840mm 的试验条件下，65Mn 和 T10 两种材料的仿生棱纹形铲刃磨料磨损试验安排，表 3-5 列出了两种材料（65Mn、T10）的普通平板型深松铲刃试验样件分别在两种滑动速度（2.35m/s、3.02m/s）下的磨损试验安排。

表 3-3　仿生棱纹形铲刃试验样件磨料磨损因素水平表

水平	因素	
	棱纹单体分布间距	滑动速度/(m/s)
1	1D	2.35
2	1.5D	3.02
3	2D	—

表 3-4　仿生棱纹形铲刃磨料磨损试验安排

试验序号	棱纹单体分布间距	滑动速度/(m/s)	质量磨损量/g
1	1D	2.35	
2	1D	3.02	
3	1.5D	2.35	
4	1.5D	3.02	
5	2D	2.35	
6	2D	3.02	

表 3-5 普通平板型深松铲刃试验样件磨损试验安排

试验序号	样件材料	滑动速度/(m/s)	质量磨损量/g
1	65Mn	2.35	
2	65Mn	3.02	
3	T10	2.35	
4	T10	3.02	

3.3.2 磨损试验流程

1. 磨料的混合配比及装填

按照试验条件中的配比关系将总计 100kg 的磨料在混料槽内混合均匀，并装入试验机装料转盘内，开动试验机并以 10r/min 的速度低速旋转，同时打开流量计的阀门，使水缓慢流入装料盘，调节流量计的流量，使磨料的含水量控制在试验设定值（质量分数为 3%~5%），直到全部磨料含水量均匀，关闭试验机。

2. 样件装夹

将样件用螺栓和螺母紧固在样件安装架上，一次安装 4 个样件，如图 3-2 所示。样件在磨料中的埋入深度为 70mm，样件与磨料运动方向的夹角为 24°，如图 3-3 所示。

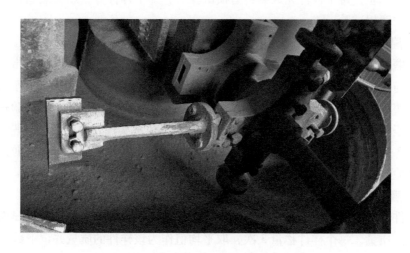

图 3-2 样件安装及在磨料中的埋入状态

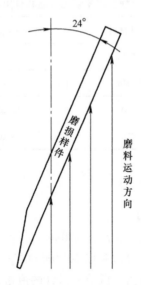

图 3-3　磨料与样件表面冲击角

3. 样件磨程确定

开动试验机，样件完成 1 个磨程后，由试验机换位装置自动换位，进行下一个样件的磨损。直到 4 个样件全部完成各自的一个磨程后更换 50% 的磨料，继续进行磨损试验，每个样件完成磨料磨损试验后，卸下样件并重新安装新样件进行下一轮的磨损试验。

4. 磨料坚实度

在磨损试验进行前，调节与三级压实辊连接的电动机，通过电动机带动绞盘机控制与压实辊架连接的钢丝绳的升降，从而实现对磨料的压实。调整至合适的磨料压实程度后，压实辊将被固定在当前位置不动，这可以保证全部试验过程中磨料的坚实度一致。为了保证试验数据的可靠性和真实性，每组磨损试验进行 3 次，取 3 次试验磨损量的平均值作为本次试验的最终磨损量结果参与数据分析。

试验样件装夹后的状态如图 3-2 所示。

5. 磨前称重

样件安装在磨损试验机上之前，利用测量精度为 0.1mg 的天平称量试验样件磨损前的质量，每个样件称量 3 次，取平均值作为该样件的质量并记下数值。

6. 磨料磨损试验

在变频器上按照线速度的换算关系设定磨损试验机的转速参数，开动磨损试验机并进入工作状态，注意观察样件及夹紧装置是否与转盘发生干涉，同时注意控制流量计的水流，将磨料的含水量控制在设定值。

7. 磨后称重

磨料磨损试验完成后，关闭试验机电源使之停止转动，卸下磨损试验样件，清理掉样件表面的磨料，并用无水乙醇清洗样件表面。用测量精度为 0.1mg 的天平称量磨损样件磨损后的质量，每个样件称量 3 次，取平均值作为样件磨损后的质量并记下数值。

3.4　铲刃样件磨损试验结果

磨料磨损试验完成后，得到了 65Mn 和 T10 两种材料的铲刃磨损量数据及普通平板型试验样件的磨损量数据，见表 3-6 ~ 表 3-8。

表 3-6　65Mn 仿生棱纹形深松铲刃磨损量

试验序号	棱纹分布间距	滑动速度/ (m/s)	质量磨损量/g
1	1D	2.35	0.4331
2	1D	3.02	0.4497
3	1.5D	2.35	0.4242
4	1.5D	3.02	0.4402
5	2D	2.35	0.4877
6	2D	3.02	0.5051

表 3-7　T10 仿生棱纹形深松铲刃磨损量

试验序号	棱纹分布间距	滑动速度/ (m/s)	质量磨损量/g
1	1D	2.35	0.3253
2	1D	3.02	0.3343
3	1.5D	2.35	0.2951
4	1.5D	3.02	0.3178
5	2D	2.35	0.3572
6	2D	3.02	0.3864

表3-8 普通平板型深松铲刃磨损量

试验序号	样件材料	滑动速度/ （m/s）	质量磨损量/g
1	65Mn	2.35	0.6580
2	65Mn	3.02	0.7854
3	T10	2.35	0.3969
4	T10	3.02	0.4159

3.5 磨损量结果分析

3.5.1 65Mn 深松铲刃磨损结果分析

磨料磨损试验后，获得了65Mn材料的深松铲刃的质量磨损量数据，表3-6中的试验序号1~6分别代表不同的试验条件下的6组磨损试验，每组磨损试验重复3次，取其均值后得到了表3-6中的质量磨损量数据；同时利用65Mn材料的平板型深松铲刃样件进行了相同试验条件下的磨料磨损试验，同样重复3次取平均值，得到了其质量磨损量数据（见表3-8中的1号、2号试验）。

从表3-6中的质量磨损量数据可以发现，在相同试验条件下，样件的磨损量随着磨料滑动速度的增加而增大，由此说明磨损速度对深松铲刃的磨损量具有显著影响，且磨损速度与磨损量正相关。

对65Mn深松铲刃样件质量磨损量的数据进行的对比分析如图3-4所示。

图3-4a所示为65Mn深松铲刃（仿生棱纹形和平板型）在磨料滑动速度为2.35m/s、磨料粒径为0.420~0.840mm的试验条件下的质量磨损量结果。从图3-4a中可以发现，对于仿生棱纹形铲刃，棱纹条的分布间距对铲刃的耐磨性有显著影响，当分布间距为$1.5D$时，其磨损量最小；当分布间距为$2D$时，其磨损量最大。与平板型铲刃样件相比，仿生棱纹形铲刃的磨损量均小于平板型。

根据表3-6中1、3、5号试验及表3-8中1号试验的数据结果（滑动速度均为2.35m/s），$1D$型、$1.5D$型、$2D$型仿生棱纹形铲刃与普通平板型铲刃相比，耐磨性分别提高了34.2%、35.5%和25.9%；根据表3-6中2、4、6号试验和表3-8中2号试验的数据（滑动速度均为3.02m/s）对比分析结果发现，与普通平板型铲刃样件相比，$1D$、$1.5D$、$2D$这三种不同棱纹分布间距的仿生深松铲刃的耐磨性分别提高了42.7%、44.0%和35.7%。两种试验条件下的磨料磨损试

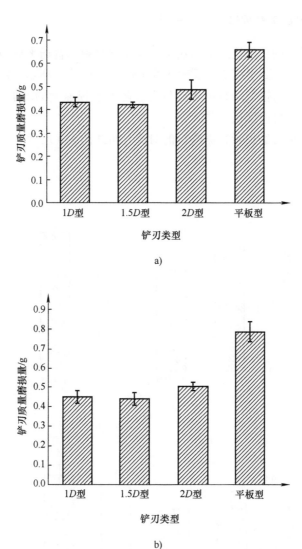

图 3-4　65Mn 深松铲刃样件质量磨损量对比

a）滑动速度为 2.35m/s　b）滑动速度为 3.02m/s

验结果表明，仿生棱纹形深松铲刃的耐磨性均较高，而 1.5D 型仿生棱纹形深松铲刃的耐磨性最优。由此表明，仿生棱纹形几何结构可以显著提高深松铲的耐磨性，而棱纹分布间距对铲刃的耐磨性影响显著，可以想象，必然存在一最优的棱纹分布间距使得深松铲刃的耐磨性最好。

3.5.2 T10 深松铲刃磨损试验结果分析

采用 T10 材料的仿生棱纹形深松铲刃与 T10 材料的普通平板型深松铲刃进行了磨料磨损试验，得到了表 3-7 及表 3-8（3、4 号试验）所示的铲刃质量磨损量数据。从铲刃质量磨损量的数据可以发现，随着磨损速度的增加，磨损量增大，这说明磨损量与磨损速度正相关。

对 T10 深松铲刃磨损量数据进行的对比分析如图 3-5 所示。

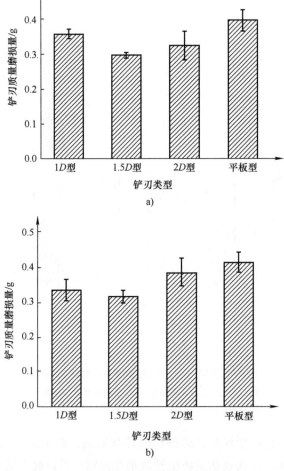

图 3-5 T10 深松铲刃样件质量磨损量对比

a）滑动速度为 2.35m/s   b）滑动速度为 3.02m/s

图 3-5 所示为 T10 深松铲刃（仿生棱纹形和平板型）的质量磨损量对比分析图。图 3-5a 所示为四种类型的深松铲刃在磨料滑动速度为 2.35m/s、磨料粒径为 0.420~0.840mm 的试验条件下的质量磨损量对比。分析结果表明，对于仿生棱纹形几何结构深松铲刃，棱纹的分布间距对样件磨损量具有显著影响，其中 1.5D 型铲刃的磨损量明显小于 1D 型和 2D 型。而与普通平板型铲刃相比，三种不同分布间距的仿生棱纹形铲刃的磨损量均小于平板型，由此表明，棱纹结构可以明显提高铲刃的耐磨性。

根据表 3-7 中 1、3、5 号试验和表 3-8 中 3 号试验的磨损量对比结果（磨料滑动速度均为 2.35m/s）可以发现，与普通平板型深松铲刃相比，1D 型、1.5D 型、2D 型深松铲刃的耐磨性分别提高了 18.1%、25.7%、10%；而根据表 3-7 中 2、4、6 号试验和表 3-8 中 4 号试验的结果（磨料滑动速度均为 3.02m/s）对比分析发现，具有仿生棱纹结构的 1D 型、1.5D 型、2D 型深松铲刃与普通平板型深松铲刃相比，耐磨性分别提高了 19.6%、23.6% 和 7.1%。两种磨损速度下的试验结果均表明，T10 材料的仿生棱纹形深松铲刃的耐磨性均优于普通平板型深松铲刃，而对于仿生棱纹形深松铲刃，1.5D 型的深松铲刃的耐磨性最好。由此说明，仿生棱纹形几何结构可以显著提高深松铲刃的耐磨性。

3.5.3　材料特性对铲刃磨损量的影响分析

本章除了考察棱纹分布间距、滑动速度等因素对铲刃耐磨性的影响规律之外，也重点考察了材料因素对铲刃磨损量的影响。两种材料同种类型的深松铲刃在相同试验条件（滑动速度、相同的棱纹分布间距等）下的磨损量对比如图 3-6 所示。

图 3-6 所示为 65Mn、T10 两种材料的深松铲刃（普通平板型和仿生棱纹形）在磨料滑动速度分别为 2.35m/s 和 3.02m/s 的试验条件下磨损量的对比。对比分析的结果显示，在相同试验条件下，T10 材料的仿生棱纹形深松铲刃和普通平板型深松铲刃试验样件的磨损量均小于 65Mn 材料，对于普通平板型样件，这种现象表现得尤为明显。在磨料滑动速度为 2.35m/s 的试验条件下，T10 材料的 1D 型、1.5D 型、2D 型和普通平板型深松铲刃样件比对应的 65Mn 深松铲刃样件的磨损量分别减小了 24.9%、30.4%、26.8% 和 39.7%。仅从两种材料的仿生棱纹形深松铲刃的对比分析结果可以发现，T10 材料的 1.5D 型深松铲刃的耐磨性明显优于其他分布间距类型的深松铲刃。在磨料滑动速度为 3.02m/s 的试验条件下，T10 材料的 1D 型、1.5D 型、2D 型和平板型深松铲刃样件比相应的 65Mn 深松铲刃样件的磨损量分别减小了 25.7%、27.8%、23.5% 和 47.0%。对 T10 材料的仿生棱纹形深松铲刃的磨损量对比分析结果可以发现，1.5D 型深松铲刃的

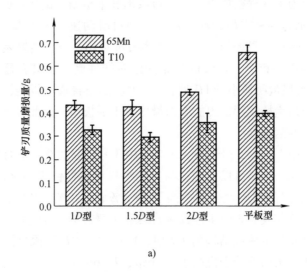

a)

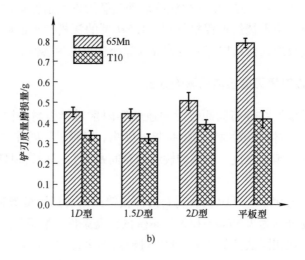

b)

图 3-6　65Mn 和 T10 深松铲刃磨损量对比

a）滑动速度为 2.35m/s　b）滑动速度为 3.02m/s

耐磨性提高幅度大于其他分布间距类型的铲刃。

　　根据 T10 和 65Mn 两种材料的仿生棱纹形深松铲刃和普通平板型深松铲刃磨损量对比分析的结果可以发现，在传统的平板型深松铲刃的触土摩擦表面设置仿生棱纹形几何结构可以显著提高深松铲刃的耐磨性，而且棱纹的分布间距对铲刃的耐磨性影响较大。土壤对深松铲刃的磨损属于低应力磨损，这种磨损形式不致使磨料颗粒发生破碎又能使材料不断流失，也有人将这种磨损形式称之为低应力擦伤磨料磨损。这种磨损的主要方式为微切削、微变形或疲劳。对于平板型深松铲刃，由于磨料颗粒流对平板表面有一定的冲击角（24°），因此，对材料表面会产生大量的微犁削作用并伴随着一定程度的凿削磨料磨损。而在平板表面设置仿生棱纹形几何结构可以改变磨料在深松铲刃表面的运动状态和运动方式，减缓了磨料对摩擦表面的冲击和磨损作用。这主要是因为当磨料颗粒以一定的冲击角到达棱纹表面时，由于棱纹结构表面的曲率变化和圆滑的表面形态使磨料颗粒的运动状态由原来的滑动方式变为了滑动加滚动的复合方式，大大削弱了磨料颗粒对摩擦表面的微犁削作用，同时，棱纹结构的存在也在一定程度上减小了磨料对摩擦表面的冲击角度，使磨料颗粒以最小能量损失的形式接触到磨损面，即棱纹结构的存在对磨料颗粒产生了"滚动效应"和"引导效应"，从而减小了磨料对表面的磨损。为了能够更加清楚地揭示仿生棱纹形几何结构的耐磨机理，本章对铲刃磨损形貌进行了分析。

3.6　深松铲刃磨损表面形貌分析

3.6.1　深松铲刃磨损表面宏观形貌分析

图 3-7a～d 分别为 65Mn 材料的仿生棱纹 1D 型、1.5D 型和 2D 型深松铲刃和普通平板型深松铲刃的表面磨损形貌。从铲刃的表面磨损形貌可以发现，铲刃的前段（各分图中的上端）磨损程度较大，而中段和后端较轻微，尤其是深松铲刃的前端切削刃磨损最为严重，这种磨损方式在深松铲的实际工作过程中将会严重影响深松铲的入土性能，并将直接导致深松铲的耕深达不到耕作要求。对于仿生棱纹形深松铲刃（1D 型、1.5D 型和 2D 型），摩擦表面的棱纹形几何结构单体的磨损程度按照从前向后的顺序依次减弱，这说明首先与磨料接触的第一条棱纹结构最大限度地承担了磨料对表面的磨损作用，从而保护了后面的棱纹和表面。磨料颗粒流首先冲击到第一条棱纹形结构后，由于棱纹形结构的存在改变了磨料颗粒的运动状态，磨料颗粒由原来的平动状态变为了平动加滚动状态，从而减弱了磨料颗粒对后续表面及棱纹形结构的刮擦磨损。另外，由于磨料颗粒到达第一条棱纹形结构后的冲击动能急剧下降，对后面的摩擦表面的磨损程度也被减弱，因此出现了磨损形貌中磨损程度按照从前向后的顺序依次减弱的现象。从磨损形貌中可以发现，普通平板型深松铲刃表面比仿生棱纹形深松铲刃磨损表面光亮得多，这也证明了普通平板型深松铲刃的磨损程度要高于仿生棱纹形深松铲刃。

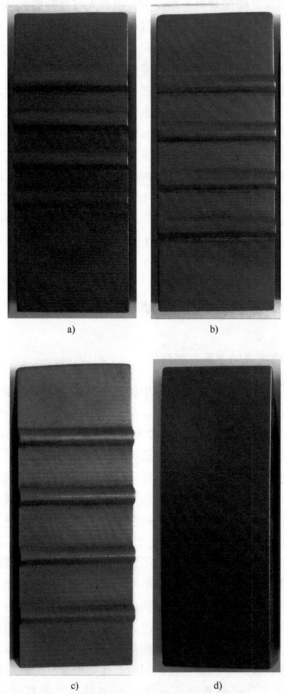

a)　　　　　　　　　　　b)

c)　　　　　　　　　　　d)

图 3-7　65Mn 深松铲刃表面磨损形貌

a) 1D 型　b) 1.5D 型　c) 2D 型　d) 平板型

如图 3-8 所示，对 T10 材料深松铲刃表面磨损形貌的分析结果发现，深松铲刃磨损表面磨损形貌具有与 65Mn 材料相似的磨损特征，即深松铲刃的前段磨损

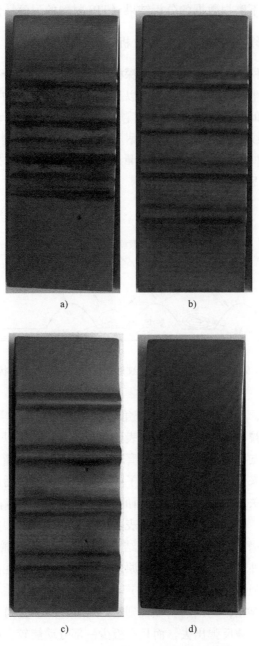

a)　　b)

c)　　d)

图 3-8　T10 深松铲刃表面磨损形貌
a) 1D 型　b) 1.5D 型　c) 2D 型　d) 平板型

严重，而中、后段磨损较为轻微。但从整体磨损形貌看，T10 材料的深松铲刃的磨损程度要明显小于 65Mn 材料的深松铲刃，这也进一步证实了 3.5 节对两种材料在相同试验条件下磨损数据的分析结果（T10 材料的耐磨性优于 65Mn 材料）。

3.6.2　仿生棱纹形深松铲刃耐磨机理分析

仿生棱纹形深松铲刃与普通平板型深松铲刃的磨损数据分析结果表明，在普通平板表面设置仿生棱纹形几何结构可以显著提高深松铲刃的耐磨性。这主要是由于仿生棱纹形几何结构的存在使磨料颗粒的运动状态和运动轨迹都发生了变化，从而使仿生棱纹形深松铲刃的磨损耐磨性优于普通平板型。图 3-9 所示为磨料在棱纹形几何结构表面的运动状态矢量简图，其中 $a \sim e$ 分别代表了磨料颗粒在深松铲刃表面的 5 种典型运动状态。

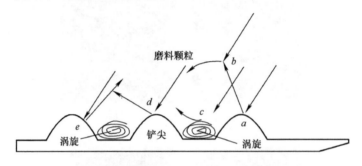

图 3-9　磨料颗粒在仿生棱纹形几何结构表面的运动状态

如图 3-9 所示，磨料以一定的冲击角向磨损表面运动，当颗粒到达 a 位置时，这部分磨料颗粒与棱纹形几何结构表面短暂接触后，将以和入射角相同的反射角反弹，并在 b 点位置与后续的来流磨料颗粒发生干涉碰撞，反弹的磨料颗粒和与之发生干涉的来流磨料颗粒均损失了一部分动能，碰撞后的这两部分磨料颗粒沿二者动量的合矢量方向向磨损表面的后端抛落，如果落在了磨损表面的后端，由于冲量降低，因此也不会对后部表面造成较大的磨损，如果落在了磨损表面的外侧（发生在磨损表面后侧棱纹形结构表面上的干涉碰撞颗粒），则不会造成任何的磨损。另外，根据空气动力学原理，运动的磨料流在两条棱纹形结构之间的近壁区形成高强度湍流漩涡层，并产生"空气垫效应"，即在图 3-9 中的 c 位置将有空气涡旋存在，而当磨料颗粒到达 c 处后，由于受到"空气垫效应"的影响，这部分颗粒将被反弹出去，而只有极少一部分动能较大的磨料颗粒能够到达 c 处的磨损表面上并造成表面的轻微磨损，其他绝大部分的磨料颗粒沿 c 处左侧的箭头方向飞向磨损面的后方，这部分磨料颗粒不但动能减小，而且运动轨迹也发生了改变，因此对表面后端的磨损将显著减小，这一点与深松铲刃的宏观磨损形貌的分析结果一致，即在每两条棱纹形结构之间的样件表面磨损非常轻微。到达 d 处的磨料颗粒与表面接触并经反弹后将与后续的来流颗粒发生与 a 点状况相同的碰撞干涉，同时一部分又与在 e 点位置反弹的磨料颗粒产生同样的相互作用，由于来流磨料颗粒的动能大于反弹颗粒，因此最终沿三者的合矢量方向落在磨损表面的后方，并不会对磨损表面再次产生磨损。这也与深松铲刃样件的宏观磨损形貌的分析结果（即前端磨损严重，后端磨损轻微）相吻合。

棱纹形几何结构的存在，对在其表面运动的磨料颗粒产生了"滚动效应"和"引导效应"（见图 3-10），即磨料颗粒在磨损表面的运动方式因仿生棱纹形结构的引导而发生了改变，由原来的以滑动为主的运动状态变为滑动和滚动复合的运动状态，从微观角度来说，与滑动运动方式相比，磨料颗粒的这种运动方式将大大减小对接触面的犁削刮损，而在磨损表面的宏观表现为磨损量或磨损程度的降低。

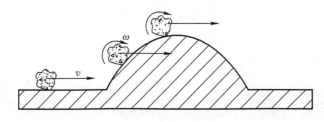

图 3-10　磨料颗粒在棱纹表面的"滚动效应"和"引导效应"示意图

另外，棱纹形几何结构的存在，使得磨料颗粒从棱纹底部运动到顶部时发生了动能的损失，也在一定程度上减小了对接触面的磨损效应。而当磨料颗粒运动到棱纹顶部并抛射出去时，也会与冲击磨料颗粒产生碰撞干涉，同样会造成能量的损失，同时由于抛射的作用，使磨料颗粒再次与样件表面接触的概率大大降低，这在很大程度上减少了与样件表面接触的磨料颗粒的数量，从而起到减小磨损的作用。

通过仿生棱纹形几何结构对磨料颗粒的综合作用，最终表现为仿生深松铲刃的耐磨性优于传统平板型深松铲刃，这也是在 3.5 节的深松铲刃质量磨损量分析中会出现仿生深松铲刃的耐磨性均优于平板型的主要原因。因此，在平板型深松铲刃的土壤摩擦表面设置仿生棱纹形几何结构可以起到显著提高摩擦表面耐磨性的作用。

3.6.3 深松铲刃磨损表面微观形态分析

为了进一步揭示深松铲刃的磨损机理，本小节对 65Mn 和 T10 两种材料的深松铲刃的磨损表面进行了微观磨损形貌分析，两种材料的磨损表面在扫描电子显微镜（SEM）下的微观形貌如图 3-11 和图 3-12 所示。

图 3-11　65Mn 深松铲刃磨损表面在 SEM 下的微观形貌

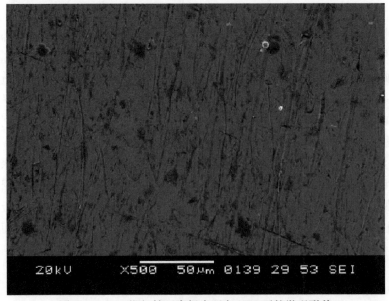

图 3-12　T10 深松铲刃磨损表面在 SEM 下的微观形貌

　　图 3-11 和图 3-12 所示分别为 65Mn 和 T10 两种材料深松铲刃磨损表面在 SEM 下的微观形貌。根据样件磨损形貌，两种材料磨损表面均具有典型的犁割沟槽，同时伴有凹坑、磨屑及材料的堆积现象。两种材料的磨损表面以犁割沟槽为主要微观形态，这是典型的磨料磨损特征。究其原因，主要是由于磨料颗粒在金属表面运动产生"犁切"作用，硬度较高的磨料颗粒棱角嵌入材料表面，同时，借助相对运动使被嵌入材料表面物质被犁切，致使材料受力并产生严重塑性变形，当这种塑性变形不断增加并最终达到材料的强度极限时，材料受到破坏而撕裂，并最终从材料表面剥离，形成了材料表面的"微犁沟"，这也是材料表面磨料磨损失效的一种典型形式。磨料颗粒在与样件表面接触之前具有一定的动能，而当磨料颗粒以一定的速度和冲击角（$0° < \alpha < 90°$）冲击到样件表面时，材料受到磨料颗粒刃角的撞击而造成大量裂纹的形成及扩展，表面产生不规则、不连续的微小刻痕并有少量微小裂纹，致使一部分材料达到强度极限而失效，并从材料表面剥落。这种类型的磨料颗粒与材料表面的作用时间较短，甚至只是在瞬间完成。这种磨损形式是材料因磨料磨损而失效的一个主要因素，同时也是导致磨损表面产生如图 3-11、图 3-12 所示的微观形貌的主要原因。

　　图 3-11 和图 3-12 中的凹坑及尺寸较大的凹痕则是凿削式磨料磨损的典型形态。这种磨损主要是磨料颗粒以一定的角度冲击到磨损表面，并在磨损表面产生凹坑或较大尺寸的沟痕而产生的严重磨损，其作用机理如图 3-13 所示。

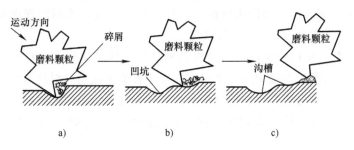

图 3-13　凿削式磨料磨损的作用机理
a) 位置 1　b) 位置 2　c) 位置 3

　　在图 3-13a 中的位置 1 处，磨料颗粒冲击到磨损表面后，在表面上凿出凹坑，此时，磨料颗粒的运动冲量可以分为沿法线方向和沿水平方向的两个分量，沿法线方向的分量因对接触面的撞击而被消耗掉，只剩水平方向的分量，因此，磨料颗粒在这一分量的驱动下沿水平方向继续向前推动（见图 3-13b 中的位置 2）。而此时磨料的棱角已经刺入磨损表面，因此磨损表面材料将受到推挤而产生变形，这种变形表现为两种情形：一方面在材料表面犁削出沟槽，而表面材料将被推挤到沟槽两侧或一侧（究竟是哪种情况则由磨料颗粒前导面与磨料颗粒运动方向之间的夹角决定）；而另一方面，棱角前方的材料受到推挤将产生堆积现象。随着磨料颗粒继续前进，堆积在磨料颗粒前方的材料增多，阻碍磨料颗粒运动直至磨料颗粒最终破碎，磨料颗粒碎屑留在了磨损表面（见图3-13c中的位置3）。这种磨损最终将表现为磨损表面出现尺寸大且不规则的沟槽或在沟槽的后端有磨屑和磨料颗粒碎屑的堆积。而在图3-13a中的位置1处，磨料颗粒也可能在磨损表面凿出凹坑后被迅速反弹出去，这种情况是否发生主要由磨损表面材料的属性、磨料颗粒冲击角及磨料颗粒的自身形态决定，而这种磨损最终将表现为在材料的表面留下凹坑。

从两种材料样件的表面磨损形貌可以发现，65Mn材料的表面"微犁沟"或凹坑明显多于T10材料表面，这说明65Mn表面的磨损比T10严重。这也从微观角度进一步证明了在同等试验条件下，T10材料的磨损量小于65Mn材料，其耐磨性明显优于65Mn材料。这一分析结果与两种材料试验样件的磨损量数据对比分析的结果一致。

3.7 小结

本章介绍的主要内容如下：

1）利用65Mn和T10两种材料的仿生棱纹形深松铲刃与普通平板型深松铲刃在JMM型转盘式磨料磨损实验机上进行了模拟土壤环境的磨料磨损试验，获得了铲刃磨损量数据及铲刃表面磨损形貌。

2）对65Mn材料的深松铲刃磨料磨损试验分析结果表明，具有仿生棱纹形几何结构的所有类型深松铲刃的磨损量均小于普通平板型。对具有仿生棱纹形深松铲刃的磨损数据分析发现，棱纹形几何结构的分布间距对样件的磨损量具有显著影响，三种棱纹结构分布间距的深松铲刃样件中，1.5D型的深松铲刃的耐磨性优于其他类型。

3）对T10材料的深松铲刃试验样件的磨损量分析结果表明，仿生棱纹形深松铲刃样件的磨损量均小于普通平板型。对仿生棱纹形深松铲刃的耐磨性分析结果显示，棱纹结构分布间距对样件的耐磨性具有显著影响，而三种样件中1.5D型的样件耐磨性最优越。

4）在相同试验条件下对两种材料的深松铲刃样件进行了磨损量的对比分析，结果显示，T10材料的样件磨损量明显小于65Mn材料的样件。

5）利用扫描电镜对两种材料的深松铲刃的微观磨损形貌进行了磨损机理分析，SEM分析的结果显示，两种材料样件的磨损表面微观形态均以犁削沟槽为主，并伴有凹坑和材料的堆积现象，说明磨损为典型的磨料磨损，磨损机制主要是刮损，同时有小幅度的凿削磨损。

6）磨料磨损试验的分析结果表明，在普通平板型表面设置仿生棱纹形几何结构可以提高深松铲刃的耐磨性。

参 考 文 献

［1］路云. 仿生储能—仿形深松装置设计与试验研究［D］. 长春：吉林大学，2023.

［2］邹宇. 基于玉米芯轴还田腐解的粉碎关键部件仿生技术研究［D］. 长春：吉林大学，2023.

［3］杜伟. 智能仿生除草机的设计与试验［D］. 郑州：河南农业大学，2023.

［4］王小波. 基于离散元法仿生深松铲的设计与试验研究［D］. 成都：四川农业大学，2023.

［5］陈朝阳. 仿生布利冈型结构磨料磨损和黏附特性研究及触土部件应用［D］. 昆明：昆明理工大学，2023.

［6］颛孙玉琦，马洌轩，蔡佳奇，等. 仿生学在农业机械中的应用［J］. 农机使用与维修，2023（4）：1 - 3.

［7］霍鹏，李建平，杨欣，等. 鲨鱼盾鳞仿生起苗铲减阻仿真分析［J］. 机械设计与制造，2023（3）：242 - 248.

［8］杜昕，秦玉芳，吕琳，等. 农业机械设计中的仿生设计运用研究［J］. 当代农机，2023（2）：48，50.

［9］杨玉婉，黄玉祥，付作立，等. "农业机械仿生技术"课程对本科生创新思维能力的培养［J］. 农业工程，2022，12（12）：114 - 117.

［10］田辛亮. 黑土区玉米秸秆混埋还田技术及其配套关键部件研究［D］. 长春：吉林大学，2022.

［11］尹志平. 基于鼹鼠爪趾结构仿生除草铲的设计与试验研究［D］. 长春：吉林大学，2022.

［12］肖涵. 免耕播种机仿生镇压轮优化设计与试验研究［D］. 长春：吉林农业大学，2022.

［13］闫东伟. 基于水射流的水田仿生中耕除草装置机理与试验研究［D］. 哈尔滨：东北农业大学，2021.

［14］李茂林. 我国金属耐磨材料的发展和应用［J］. 铸造，2002，51（9）：525 - 529.

［15］张兴龙，周平安，杨振桓. 犁铧的失效分析［J］. 摩擦磨损，1985（3）：14 - 18.

［16］田振祥，孙维连，李凌云. 渗硼犁铧和等温淬火犁铧的磨损失效分析［J］. 摩擦磨损，1985（4）：13 - 18.

［17］沈新荣. 抗磨肋条减少颗粒两相流对壁面磨损的机理研究［D］. 杭州：浙江大学，1998.

［18］TONG JIN，LV TIEBIAO，MA YUNHAI，et al. Two - body abrasive wear features of surfaces of pangolin scales［J］. Journal of Bionic Engineering，2007，4（2）：77 - 84.

［19］张炜，吴建民，吴劲锋，等. 苜蓿草粉对 45 钢磨损性能的影响［J］. 农业工程学报，

2009, 25 (10): 117-120.

[20] 韩同同. 高铬白口铸铁和 7CrMnMoS 磨损性能的研究 [D]. 武汉: 华中科技大学, 2011.

[21] 乔屹涛. 铲式挖掘部件仿生设计及减阻脱附性能研究 [D]. 太原: 太原理工大学, 2022.

[22] 孙刚, 房岩, 金丹丹, 等. 仿生工程在现代农业中的应用与展望 [J]. 农业与技术, 2020, 40 (1): 44-45.

[23] 杨玉婉. 鼹鼠前足多趾组合结构切土性能研究与仿生旋耕刀设计 [D]. 长春: 吉林大学, 2019.

[24] 陈华明. 低阻仿生器件 3D 打印及土壤耕作性能研究 [D]. 广州: 华南农业大学, 2019.

[25] 蒋一玮. 我国农业领域仿生技术演变及趋势分析 [D]. 长春: 吉林大学, 2019.

[26] 俞杰. 基于家兔爪趾结构的旋耕刀仿生设计 [D]. 长沙: 中南林业科技大学, 2019.

[27] 李莹. 砂鱼蜥 (Scincus scincus) 表皮鳞片微观形态观察与耐磨、减阻特性研究 [D]. 昆明: 昆明理工大学, 2019.

[28] 李俊伟, 顾天龙, 李祥雨, 等. 黏重黑土条件下马铃薯挖掘铲仿生减阻特性分析与试验 [J]. 农业工程学报, 2023, 39 (20): 1-9.

[29] 张桔帮, 王海军, 陈文刚, 等. 仿生表面织构在农林机械中的研究现状 [J]. 农机化研究, 2024, 46 (3): 1-7.

[30] 王彤. 牙轮钻头滑动轴承表面仿生织构设计及其润滑性能研究 [D]. 西安: 西安石油大学, 2023.

[31] 邵艳龙. 仿生微阵列表面设计制备及其黏附/摩擦性能精确调控研究 [D]. 长春: 吉林大学, 2023.

[32] 胡嵩. 三种蛇腹部蜕鳞结构摩擦性能及其仿生研究 [D]. 长春: 吉林大学, 2023.

[33] 刘国钦. 聚醚醚酮纤维增强树脂基摩擦材料仿生设计与性能研究 [D]. 长春: 吉林大学, 2023.

[34] 许家岳. 基于爬岩鳅吸附性能的仿生吸盘设计与试验 [D]. 长春: 吉林大学, 2023.

[35] 张欣悦. 定向异构仿生软骨材料的构建及其生物力学与摩擦学研究 [D]. 徐州: 中国矿业大学, 2023.

[36] 张桔帮, 王海军, 陈文刚. 仿生织构对 65Mn 钢摩擦学性能的影响 [J]. 农业装备技术, 2023, 49 (2): 50-52.

[37] 梁瑛娜, 高建新, 高殿荣. 仿生非光滑表面滑靴副水压轴向柱塞泵的摩擦磨损及效率试验研究 [J]. 华南理工大学学报 (自然科学版), 2022, 50 (6): 145-154.

[38] 王国明, 袁琼. 仿生非光滑摩擦衬片对制动器摩擦振动的影响 [J]. 公路交通科技, 2022, 39 (2): 157-166.

[39] 戴哲敏, 赖增光, 徐磊. 基于微型仿生电渗的陶瓷练泥机减阻试验研究 [J]. 陶瓷学报, 2023, 44 (5): 995-1003.

[40] 胡天恩, 周丹, 伍黎良, 等. 仿生凹坑间距对高速磁悬浮列车气动减阻影响研究 [J]. 铁道学报, 2023, 45 (7): 55-61.

[41] 段阿聪. 基于仿生非光滑表面的内锥流量计测量特性研究 [D]. 西安: 西安理工大学, 2023.

[42] 张洁, 丁艳思, 王懿涵, 等. 一种用于高速列车受电弓区域气动减阻的新型鞘翅目仿生导流罩 (英文) [J]. Journal of Central South University, 2023, 30 (6): 2064-2080.

[43] 沈洪, 任浩东, 李海东. 面向功能表面的激光仿生制造技术研究进展 [J]. 空天防御, 2023, 6 (2): 12-22.

[44] 姜嘉胤. 基于离散元法的茶园仿生耕作刀具设计 [D]. 杭州: 浙江农林大学, 2023.

[45] 李博, 李清良, 杨海娟. 膛线电解加工仿生阴极工作齿设计与研究 [J]. 机床与液压, 2023, 51 (20): 66-70.

[46] 高美红. 基于鲨鱼皮表面微结构特征规律的仿生表面湍流减阻研究 [D]. 长春: 吉林大学, 2023.

[47] 张荣杰. 基于仿生特征的 MIRA 模型气动减阻研究 [D]. 长春: 吉林大学, 2023.

[48] 陈登科, 崔线线, 苏琳, 等. 仿鱼类表皮减阻研究现状与进展 [J]. 中国表面工程, 2023, 36 (5): 14-36.

[49] 包海默, 刘恒, 何晋, 等. 小型水下巡航机器人表面减阻仿生设计 [J]. 机械设计, 2023, 40 (8): 149-156.

[50] 施润泽. 铁路除沙车仿生除沙铲设计及减阻耐磨分析 [D]. 石家庄: 石家庄铁道大学, 2023.

[51] 李迎华, 李永成, 张华, 等. 柔性表皮与疏水材料耦合减阻特性数值模拟 [J]. 船舶与海洋工程, 2023, 39 (3): 29-32.

[52] 陈斓琪. 仿生电子元器件散热器内纳米流体流动减阻与冷却特性研究 [D]. 徐州: 中国矿业大学, 2023.

[53] 李永成, 张华. 平板仿生沟槽表面减阻性能数值模拟研究 [J]. 舰船科学技术, 2023, 45 (9): 28-31.

[54] 赖增光. 陶瓷练泥机多参数仿生电渗减阻研究 [D]. 景德镇: 景德镇陶瓷大学, 2023.

[55] 许建民, 龚晓岩, 宋雷, 等. 基于形态仿生学的厢式货车复合气动减阻方案 [J]. 汽车安全与节能学报, 2023, 14 (2): 224-231.

[56] 孙鹏飞. 极地船舶仿生超疏水表面减阻与防冰性能研究 [D]. 镇江: 江苏科技大学, 2023.

[57] 郑明军, 苗佳峰, 施润泽. 铁路除沙车推沙阻力及推沙曲面优化研究 [J]. 石家庄铁道大学学报 (自然科学版), 2023, 36 (1): 92-98.

[58] 马伟男. 防风收获机关键部件设计与仿生铲减阻碎土性能试验 [D]. 保定: 河北农业大学, 2022.

[59] 陈雪婷, 李慧琴, 薛超群, 等. 烟草起垄施肥机镇压辊仿生设计与试验 [J]. 农机化研究, 2023, 45 (8): 161-165, 171.

[60] 黄明吉，刘圣艳，乔小溪，等. 离心泵仿生微结构叶片减阻特性的仿真研究 [J]. 表面技术，2023，52 (2)：196 - 205.
[61] 刘明杰，吴青山，严昊，等. 仿生减阻表面的进展与挑战 [J]. 北京航空航天大学学报，2022，48 (9)：1782 - 1790.
[62] 夏超. 花生挖掘铲表面强化与减阻性能研究 [D]. 青岛：青岛农业大学，2022.
[63] 蔚高樞. 基于仿生沙波纹地貌的非光滑表面减阻性能研究 [D]. 太原：太原理工大学，2022.
[64] 葛勇强，何家敏，郭进，等. 新型仿生重力采样器采样性能的研究（英文）[J]. Journal of Zhejiang University - ScienceA (Applied Physics & Engineering)，2023 ，24 (8)：692 - 710.
[65] 于凌志. 仿生表面结构人造血管减阻特性研究 [D]. 杭州：中国计量大学，2022.
[66] 迟德强. 基于雕鸮翼羽的机翼和叶片仿生减阻降噪结构设计与性能研究 [D]. 长春：吉林大学，2022.
[67] 苗佳峰. 除沙车仿生推沙板设计及减阻耐磨分析 [D]. 石家庄：石家庄铁道大学，2022.
[68] 胡伟，刘大欣，付明刚，等. 仿生偏柱式减阻深松铲设计及离散元仿真分析 [J]. 农业工程，2022，12 (5)：84 - 88.
[69] 杨筱沛. 低速风机翼型仿生脊状表面减阻机理分析及应用研究 [D]. 武汉：华中科技大学，2022.
[70] 张子良，张明明. 仿生减阻翼型的气动性能 [J]. 航空动力学报，2021，36 (8)：1740 - 1748.
[71] 张智泓，甘帅汇，左国标，等. 以砂鱼蜥头部为原型的仿生深松铲尖设计与离散元仿真 [J]. 农业机械学报，2021，52 (9)：33 - 42.
[72] 尹泽. 基于模板法的船舶仿生减阻表面制备工艺研究 [D]. 大连：大连理工大学，2022.
[73] 王亨泰，孙伟，王建箫，等. 根茎类中药材仿生挖掘铲的设计与试验 [J]. 甘肃农业大学学报，2023，58 (1)：243 - 250.
[74] 姜嘉胤，董春旺，倪益华，等. 基于离散元法的茶园仿生铲减阻性能研究 [J]. 茶叶科学，2022，42 (6)：791 - 805.
[75] 郭超. 基于仿生沟槽结构的离心泵减阻降噪特性研究 [D]. 镇江：江苏大学，2022.
[76] 易佳锋，刘宇博，李超，等. 关节软骨润滑机制理论及仿生软骨材料的摩擦学应用 [J]. 中国组织工程研究，2023，27 (25)：4075 - 4084.
[77] 董柳杰，陈相波，万珍平. 自润滑仿生微织构的激光烧固加工及其摩擦学性能 [J]. 热加工工艺，2023，52 (10)：29 - 34.
[78] 范东亮. 仿河鲀表面非光滑减阻构件制备与性能研究 [D]. 镇江：江苏科技大学，2022.
[79] 张志丰，张峻霞，张琰. 仿生耕糟刀的设计与仿真实验 [J]. 食品与机械，2020，36

(12)：65－69.

[80] 石晋. 仿河鲀非光滑水下航行器表面减阻性能研究 [D]. 镇江：江苏科技大学，2022.

[81] 王朝晖，吴志鑫，杨康辉，等. 仿生中性络合剂对花岗岩摩擦磨损行为的影响研究 [J]. 摩擦学学报，2023，43（7）：800－808.

[82] 赵超. 平底型船底表面复合减阻特性数值模拟研究 [D]. 青岛：青岛科技大学，2022.

[83] 刘从臻. 轮胎性能协同提升的复合仿生设计方法研究 [D]. 镇江：江苏大学，2022.

[84] 冯仁义. 椭球头铣刀铣削表面形貌的建模及其减阻特性分析 [D]. 哈尔滨：哈尔滨理工大学，2022.

[85] 周丹，陈怀博，孟石，等. 仿生球体形态对高速磁浮列车减阻的影响 [J]. 中南大学学报（自然科学版），2023，54（4）：1592－1602.

[86] 唐俊，刘岩岩，闫一天. 水下航行器仿生非光滑表面减阻特性 [J]. 兵工学报，2022，43（5）：1135－1143.

[87] 闫一天. 尺度仿生波形减阻壁面研究 [D]. 天津：天津大学，2022.

[88] 刘岩岩. 仿生非光滑表面水下减阻技术研究 [D]. 天津：天津大学，2022

[89] 王晓阳，潘睿，强华，等. 仿生几何结构表面深松铲铲尖设计与试验 [J]. 中国农机化学报，2022，43（1）：1－6.

[90] 郭超凡，李粤，姚德宇，等. 仿生香蕉秸秆粉碎装置关键部件作业参数优化与试验 [J]. 中国农机化学报，2022，43（1）：93－100.

[91] 彭勃. 基于浸入边界法的仿生盾鳞蒙皮减阻性能数值模拟研究 [D]. 哈尔滨：哈尔滨工程大学，2022.

[92] 杨兴杰. 仿槐叶萍叶面结构的制备及其防污减阻性能研究 [D]. 哈尔滨：哈尔滨工程大学，2022.

[93] 王鹤銮，景然，王靖宇，等. 基于鲨鱼盾鳞的空气动力学仿生减阻研究 [J]. 汽车实用技术，2021，46（19）：94－97.

[94] 许建民，莫靖宇，毛玲霞，等. 重型货车仿生气动减阻装置的优化设计 [J]. 应用力学学报，2021，38（3）：924－933.

[95] 包健伦. 仿生自磨锐马铃薯挖掘铲的设计与试验 [D]. 长春：吉林大学，2021.

[96] 冯超，喻丽华，罗震，等. 黏重土壤条件下仿生栽植器设计与试验 [J]. 农机化研究，2023，45（6）：197－202.

[97] 夏港华. 仿生圆柱水动力及声学性能数值研究 [D]. 武汉：华中科技大学，2021.

[98] 甘帅汇. 砂鱼蜥运动方式和头部几何结构的仿生深松铲尖应用研究 [D]. 昆明：昆明理工大学，2021.

[99] 严冠章. 基于仿生鱼尾结构扰流板的高速列车气动减阻研究 [D]. 江门：五邑大学，2021.

[100] 朱烨圣. 基于循环水洞的河鲀表皮及其仿生构件减阻特性和机理分析 [D]. 镇江：江苏科技大学，2021.

[101] 贾长峰. 仿河鲀体表构件的减阻性能与流场结构研究 [D]. 镇江：江苏科技大

学，2021.

[102] 徐胜，叶霞，范振敏，等. 仿生超疏水表面减阻性能的研究进展 [J]. 江苏理工学院学报，2021，27 (2)：49 – 57.

[103] 陈璠，徐朋飞. "仿生学" 沟槽减阻仿真分析及机理研究 [J]. 航空发动机，2021，47 (2)：28 – 32.

[104] 张忠彬. 仿生鱼鳞微结构制造及其减阻性能研究 [D]. 长春：长春理工大学，2021.

[105] 张鹏，郭志军，金鑫，等. 仿生变曲率深松铲柄减阻设计与试验 [J]. 吉林大学学报 (工学版)，2022，52 (5)：1174 – 1183.

[106] 徐昊柯. 压电叠堆驱动器及其仿生动壁减阻特性研究 [D]. 南京：南京航空航天大学，2021.

第4章　深松铲耕作阻力试验研究

深松铲的耕作阻力主要由两方面的原因引起：一方面是因为土壤中含有一定量的水分，在土壤与铲体的接触界面形成水膜，引起土壤在深松铲表面的黏附而产生阻力；另一方面是因土壤与深松铲之间的摩擦而产生的阻力。研究表明，深松铲柄几何结构形式对深松铲的耕作阻力具有显著影响，而铲柄的几何结构形式主要是指其破土刃口的形状及结构。传统的深松铲柄破土刃口为标准的圆弧形。近几年，出现了多种以减小深松铲耕作阻力为目的的深松铲柄结构和参数优化设计方法，并取得了较好的减阻效果。仿生技术以其独特的方法解决了众多的工程实际问题，具有传统方法无可比拟的优越性，尤其是在农业机械触土部件的防黏、减阻、耐磨研究与应用方面。

本章介绍的研究工作主要是利用第2章根据小家鼠爪趾纵剖面上表面轮廓线设计的仿生减阻深松铲与L型铲、倾斜型铲和抛物线型铲等类型的深松铲，选择合适的试验条件，确定合理可行的试验方案进行深松铲耕作阻力试验，并对深松铲耕作阻力进行对比分析，探索铲柄形式、耕深及前进速度对深松铲耕作阻力的影响。考察仿生减阻深松铲的减阻效果，揭示其仿生减阻机理。

4.1　试验方案的制定

本章土壤耕作阻力试验的主要目的是考察不同类型铲柄破土刃口形状的深松铲在设定的试验条件下对深松铲耕作性能的影响，分析试验因素对耕作阻力的影响规律，选用了四种不同类型的深松铲，分别为L型、倾斜直线型（简称倾斜型）、抛物线型和仿生指数函数曲线型，其主要区别在于铲柄破土刃口结构形式。试验牵引机的前进速度选为2挡，分别为0.5m/s和1.0m/s；耕深分别确定为300mm和350mm。本次深松铲耕作阻力试验方案见表4-1。

本试验为全面试验，共16组。深松铲在工作过程中主要承受来自于土壤的两方面的作用力，一个是水平方向的阻力（由土壤的黏附和摩擦产生），另一个是土壤对铲体产生的竖直向上的作用力，由于竖直方向的力只对土壤产生压实作用而不会增加铲的耕作阻力，因此本试验只测定深松铲水平方向的阻力数值并参与后续的数据分析。由于室内土槽试验周期短，能很快获得试验结果，试验条件及影响因素比较容易控制，数据重现性和规律性好，易于对比分析，试验费用低

表 4-1　深松铲耕作阻力试验方案

序号	铲柄形式	前进速度/(m/s)	耕深/mm
1	L型	0.5	300
2	倾斜型	1.0	350
3	抛物线型	—	—
4	仿生指数函数曲线型	—	—

廉，耗费人力、物力较少，因此，本试验选择室内土槽作为本次试验的场地，地点选在黑龙江省农业机械工程科学研究院的室内土槽。

4.2　试验条件

1. 试验场地

本试验是在黑龙江省农业机械工程科学研究院的室内土槽进行（见图 4-1a），土槽尺寸为 100m(长)×3m(宽)，土槽内土壤深度为 1m。

2. 试验用土壤

试验用土壤为典型东北黑土，如图 4-1b 所示，其粒度均匀，具有良好的透气性和透水性，每次试验后易于恢复平整。

3. 耕深

深松作业的实际耕作深度受到很多因素的影响，如土壤本身的性质，耕层厚度、机械化程度的高低以及地域因素等。典型的东北黑土层的厚度平均只有 1m 左右，最近 50 年减少了大约 0.5m。因此，对于可供作物生长的土层厚度较浅的地区，深松深度不宜过大。目前，我国大部分农田耕作区的土壤深松深度范围为 250~450mm。为了能够在这一深松深度范围内均匀地确定耕作深度，又能够最大限度地体现真正的深松效果，本节的深松铲土壤耕作试验的耕深分别为 300mm 和 350mm。

4. 前进速度

实际田间深松作业的前进速度一般为 3~10km/h（0.8~2.8m/s）。本次耕作试验在室内土槽进行，为了保证数据采集平稳可靠，耕作机构及动力操作系统安全顺畅，选择稍低于实际深松作业时的两个等级前进速度，分别为 0.5m/s 和 1.0m/s。试验所用土槽台车采用液压驱动，可以实现无级变速，速度调节方便、稳定。

5. 铲柄形式

试验中采用四种不同类型的深松铲进行耕作阻力的对比，分别为 L 型、倾斜

图 4-1 试验场地及试验用土壤

a) 试验场地 b) 试验用土壤

型、抛物线型和仿生指数函数曲线型。为了使试验数据真实可靠，并具备真实可信的耕作阻力对比效果，这四种类型的深松铲除铲柄破土刃口结构形式不同外，其他结构参数均按照 JB/T 9788—2020 的规定设计。

4.3 深松试验仪器设备

1. 全液压四轮轮毂驱动土槽试验车

深松铲土槽深松试验所用牵引机具为全液压四轮轮毂驱动土槽试验车，其牵引悬挂测试系统如图 4-2 所示。土槽试验车主要由机架、驱动系统、动力输出系统、液压系统、土壤恢复系统、控制系统及制动系统等部分组成，能够满足土壤耕作部件（如犁、耙、铲、开沟器、旋耕部件等）和小型农机具（如水稻移栽，大豆、玉米等种植）的试验研究，可实现试验全过程的视频拍摄。车前、后部分别提供两套试验机具液压悬挂装置。该土槽试验车可以完成土壤耕作、试验数据采集、耕作区土壤恢复等多项操作。土壤的恢复操作可以实现耕翻、旋松、平整、压实一次性完成，省时省力，土壤恢复效果好。

图 4-2　土槽试验车牵引悬挂测试系统

2. 农机动力学参数遥测系统

本试验深松铲耕作阻力数据采集系统采用黑龙江省农业机械工程科学研究院开发的 NJTY3 型农机通用动态遥测系统，如图 4-3 所示。该设备采用无线遥测技术，配套动力输出轴一体化转矩传感器及无框架三点悬挂牵引传感器，可以实现在牵引车（拖拉机）内或田间现场接收配套机具的牵引力、转矩、机架载荷、转速、功率等各种动力学信号，并直接进行处理和分析，实时获得测试数据。

3. 触土部件悬挂及固定安装机构

本试验深松铲与动力系统的连接采用土槽试验车的三点悬挂系统。该系统利用液压控制工作系统的升降，触土部件的耕作深度依靠其液压系统进行调节。同时，遥测系统的传感器也安装在该系统上，如图 4-4 所示。土壤耕作部件安装在安装架上，并连同深松铲一起以转矩传感器为销轴，悬挂在台车的悬挂架上。其工作原理是利用土槽试验车前进时由于深松铲耕作阻力的存在对转矩传感器产生剪切应力，传感器将应力信号转换为电信号并传送给位于土槽试验车上的信号发射器，发射装置发射出遥测信号，数据采集接收系统接收到遥测信号后进行加工处理，再转换为作用力数值，直接显示在数据采集处理系统的控制面板上，并存

技术参数	参数值
测量范围	1~20000N·m
电源电压	AC 220V(1±15%)
测量精度	0.25% F.S.
转速精度	60 个脉冲/r(无累计误差)
适应温度	−20~60℃
安装方式	台式、卡装式

a)

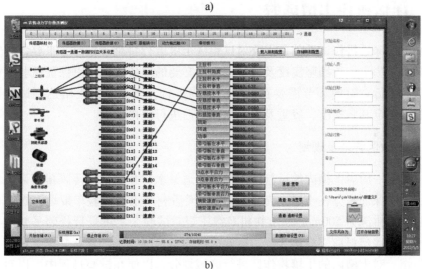

b)

图 4-3 NJTY3 型农机通用动态遥测系统

a）传感器、遥测信号发射及接收系统 b）动态数据信号接收及处理界面

储成数据文件，以供试验后对数据进行分析。数据采集系统按照一定的频率对遥测信号进行数据采集，可以根据需要进行数据采集频率的设定，本试验的数据采集频率设定为 5 个/s。

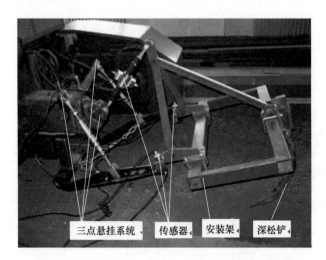

图4-4 土槽试验车悬挂、安装架及传感器系统

4.4 深松耕作土槽试验

在进行深松耕作试验前，需要对试验区土壤进行耕翻、松碎、平整，并完成土壤含水量测定、土壤坚实度及容重测定等必要的准备工作，以保证试验开始后能够顺利进行。整地环节需要在试验前一周进行，当试验区土壤达到试验要求后，分别测定其坚实度、容重及含水量，随后进行深松试验。

4.4.1 试验区整地及规划

试验前一周对土槽内的试验区土壤浇灌适量水，并用塑料薄膜覆盖以免水分蒸发，同时保证水分在土壤中充分渗透。3天后利用土槽试验车带动深松铲（设定深松铲的耕深为500mm）、旋耕机及镇压辊对试验区土壤进行松碎平整后再浇适量水，覆盖塑料薄膜渗透3天。试验前将塑料薄膜掀开，重新翻搅、松碎、平整后备用。对土槽内的土壤耕作区进行区域划分，以便在试验过程中可以对试验系统进行灵活有效的操控，并使获得的试验数据真实可靠。土槽试验区从开始端到结束端共分为三个区段，分别为10m长的调试区、50m长的测试区和10m长的整理区，试验区域划分如图4-5所示。

4.4.2 土壤坚实度测量

1. 仪器设备

土壤坚实度对深松铲的耕作阻力具有显著影响，本次试验在进行过程中，要

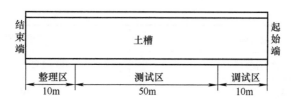

图 4-5　土槽试验区的试验区域划分示意图

尽量保持试验用土壤的坚实度一致，这样才能保证试验中测得的阻力数据真实可靠。本次试验所用的土壤坚实度测量仪器为 TJSD – 750 型手持式土壤坚实度测量仪，如图 4-6 所示。

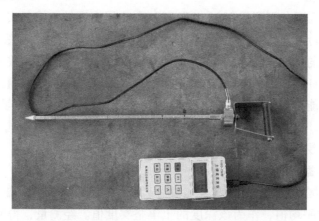

图 4-6　TJSD – 750 型手持式土壤坚实度测量仪

该测量仪既可以直接测量土壤坚实度（kg 或 kPa），又可以随时将每次测得的土壤坚实度数据存储到主机上。RS – 232 接口可与计算机连接并将数据导出，软件具有存储、打印功能，且内置全球定位系统（GPS），可实时显示测量点的位置信息（经度、纬度），并可利用此定位数据在计算机上绘制土壤坚实度分布图。该测量仪的技术参数见表 4-2。

表 4-2　TJSD – 750 型手持式土壤坚实度测量仪技术参数

参数名称	参数值
测量深度/mm	0 ~ 450
测量范围	0 ~ 100kg/0 ~ 7000kPa
测量精度	0.05kg/5kPa
数据存储能力/个	1000

（续）

参数名称	参数值
输出接口	RS-232（九孔插座）
操作温度/℃	-10~60
供电方式	充电式/4 节 AA 电池（5 号）
外形尺寸/mm（外径×高）	140×750

2. 测量方法

本次试验需要分别测量 300mm 和 350mm 土层深度的土壤坚实度。首先分别选定 10 个测量点，将土壤坚实度仪带有锥形探头的测量杆垂直缓慢压入土壤，当看到测量杆的入土深度达到 300mm 后立即读数，并将该点的数值存储到主机上，拔出测量杆到下一个测量点继续测量。需要注意的是，在测量过程中测量杆和锥形探头不能碰到土层中的障碍物，以免损坏测量仪或造成测量数据不准确。完成 300mm 深度的坚实度测量后，再重新选择 10 个测量点，用同样的方法测量 350mm 深度土层的土壤坚实度。

3. 测量数据获取

完成全部测量点的土壤坚实度测量后，将存储的数据全部读出，每种深度的 10 个测量值取平均值，作为该深度的土壤坚实度值。经测量，得到的试验区两种土层深度的土壤坚实度见表 4-3。

表 4-3　试验区两种土层深度的土壤坚实度

耕层深度/mm	土壤坚实度/kPa										平均值/kPa
	1	2	3	4	5	6	7	8	9	10	
300	447	447	492	544	378	507	613	538	624	521	511.1
350	1332	1450	1508	1025	1373	1230	1456	1347	1463	1251	1343.5

4.4.3　土壤容重测定

土壤容重是指单位体积的原状土壤的干土壤质量，通常以 g/cm^3 表示。土壤容重的大小反映了土壤结构、透气性、透水性及保水能力的高低，通常情况下，土层越深，容重越大。目前测量土壤容重的方法很多，如蜡封法、水银排出法、填沙法、射线法（双放射源）及环刀法等。蜡封法和水银排出法主要用于测定一些不

规则形状的坚硬和易碎的土壤容重；填沙法比较复杂费时，一般石质土壤采用这种
方法测定容重；射线法需要特殊的仪器和防护措施，不易广泛使用；环刀法具有操
作简单，取样方便，所用仪器工具均较为常见，数据测量准确等优点，因此得到了
广泛的应用。本次试验即采用环刀法测量土壤容重，具体细节如下。

1. 测量原理

取一定容积的环刀，切割未被搅动的自然状态土样，使土样充满环刀内腔，
烘干后称量计算单位容积的烘干土质量。

2. 测量仪器设备及工具

环刀（容积为 $100cm^3$）、天平（测量精度为 0.01g）、烘箱、环刀托、刮刀、
小铁铲、铝盒、钢丝锯、干燥器等。

3. 测量过程

首先在试验区选择好挖掘土壤的位置，然后用铁铲挖开土层至设定深度（本
试验为 300mm 和 350mm 两种深度），取已知质量的环刀，内壁涂抹凡士林，并
将环刀的刃口向下垂直压入土壤中，直至环刀内充满土壤。若土层坚实可用小锤
慢慢敲打直至环刀内充满土壤为止。注意，环刀加压时要垂直平稳，用力一致。
用修土刀将环刀周围的土壤除去，取出已装满土的环刀，用刮刀切去两端多余的
土壤，并将环刀外壁擦净。按照上述方法重复 3 次。把装有土壤的环刀两端立即
加盖，以免水分蒸发，随即称重（精确至 0.01g）并记录数值。

4. 烘干

将土壤样品带回实验室，放在 105℃ 的烘箱内烘干至恒重，并称重。

5. 结果计算

环刀容积按照式（4-1）计算。

$$V = \pi r^2 h \tag{4-1}$$

式中　V——环刀容积（cm^3）；

　　　r——环刀内径（cm）；

　　　h——环刀高（cm）。

土壤容重按式（4-2）计算。

$$\rho_b = \frac{m_0}{V} \times 100\% \tag{4-2}$$

式中　ρ_b——土壤容重（g/cm^3）；

　　m_0——环刀内干土质量（g）；

　　V——环刀容积（cm^3）。

计算后取 3 次测量的平均值作为该层土壤的容重值。最后得到的试验区土壤
容重见表4-4。

表 4-4　试验区土壤容重

土层深度/mm	土壤容重/(g/cm³)			平均值/(g/cm³)
	1	2	3	
300	1.10	1.04	1.09	1.08
350	1.16	1.09	1.13	1.13

4.4.4　土壤含水量测定

土壤中水分含量的高低会直接影响深松铲的耕作阻力大小。土壤含水量的测定方法很多，主要有称重法、张力计法、电阻法、中子法、γ射线法、驻波比法、时域反射法及光学法等。其中，称重法作为测量土壤含水量最直接的方法，具有测量精度高和简单方便的特点，因此，它作为一种实验室测量方法得到了非常广泛的应用，其具体细节如下。

1. 测量原理

称重法的测量原理是利用样品中所含水的质量与完全烘干后的干试样质量之比来表示，单位为%。

2. 测量设备及工具

测定土壤含水量所需的设备及工具为：天平，测量精度为 0.001g；烘箱，能够自动控温，并能够保持温度浮动范围为 ±2℃；玻璃干燥器和称量瓶；取样环刀、刮刀、铁铲、铝盒、密封袋等。

3. 采样

利用铁铲和取样环刀在试验区 300mm 和 350mm 两个土层深度取土样，各重复 3 次，装入铝盒并用密封袋密封后带回实验室，进行称重和烘干。

4. 烘干及称量

1）将取回的所有土壤样品立即用天平称重（测量精度为 0.001g），并记下数值。

2）将称重后的土壤样品全部放入烘箱内，在设定烘箱的温度为 105℃ ±2℃ 的条件下烘干 8h 后，从中选定 1~2 个试样进行第一次称重，以后每隔 2h 试称 1 次，直至最后两次称重之差不超过 0.002g 时，即认为试样已达到了烘干要求。

3）将试样从烘箱中取出，放入装有干燥剂的玻璃干燥器中，盖好玻璃干燥器的盖子。

4）待试样冷却至室温后，从干燥器中取出试样并逐一称重，每个试样称重 3 次取平均值。

5. 计算结果

试样的含水量按照式（4-3）进行计算（精确至 0.1%）。

$$W = \frac{m_1 - m_0}{m_0} \times 100\% \qquad\qquad (4\text{-}3)$$

式中　W——试样含水量（％）；

　　　m_1——土壤试样湿重（g）；

　　　m_0——土壤试样干重（g）。

经计算，得到的试验区不同耕层深度的土壤含水量见表 4-5。

表 4-5　试验区不同耕层深度的土壤含水量

耕层深度/mm	300			350		
测试次数序号	1	2	3	1	2	3
含水量（质量分数,％）	8.1	7.8	7.7	5.7	6.3	6.1
平均含水量（质量分数,％）	7.9			6		

4.4.5　试验过程

试验前，再次利用土槽试验车悬挂深松铲，调节深松铲的耕深为最大耕深（500mm），开动土槽试验车并在土槽试验区域内深松、翻搅、松碎试验土壤，同时开启旋耕平整系统，往复耕、旋直至试验区土壤松碎平整，期间将大块、坚实的土垡清理出土槽试验区，以免影响阻力数据的测试结果。最后放下土槽试验车自带的镇压辊，将试验区土壤镇压平整、坚实。将土槽试验车退回至起始端，并在土槽外侧用皮尺沿土槽试验车前进方向每 10m 做一个标记，共标定 5 个标记。开动土槽试验车，放下深松铲，土槽试验车操作员控制液压系统调节深松铲的耕深达到试验方案中的预设深度值，并在土槽试验车前进过程中保持耕深稳定。利用秒表参照 5 个 10m 标记调试土槽试验车的前进速度，直至达到试验预设耕作速度为止，此后一直保持土槽试验车的前进速度稳定。在此过程中，检查耕作阻力测试系统接收及处理数据是否正常。

一切准备工作就绪后，开动土槽试验车，放下深松铲，保持耕深和前进速度稳定，在测试区开启并调整好数据发射、接收系统正常工作，当土槽试验车行进至测试区时开始接收并处理阻力数据。在测试区内始终监测耕深和前进速度是否稳定，以及数据传输的状况是否良好。当土槽试验车驶出测试区后，关闭数据接收处理系统，停止接收数据并完成测试数据的存储工作。土槽试验车操作员控制土槽试验车减速至停止，升起悬挂系统，退回到起始端，利用土槽试验车土壤恢复装置将土壤恢复至原来状况后，继续进行下一次试验。土槽内的试验土壤须每隔 10h 浇适量水。

本次试验采用全面试验，共 16 组，每组重复 3 次，将耕作阻力的算数平均值作为一组试验的耕作阻力真值参与后续的数据处理及对比分析。

4.5　试验结果与分析

4.5.1　深松铲深松耕作试验阻力测试结果

土槽深松耕作试验后，获得了四种类型深松铲在不同试验条件下的水平耕作阻力数据，如图 4-7 ~ 图 4-10 所示。

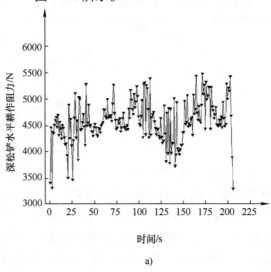

a)

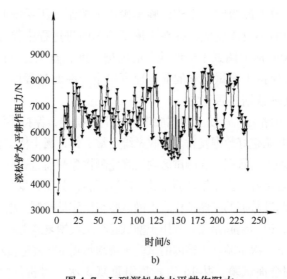

b)

图 4-7　L 型深松铲水平耕作阻力

a）速度：0.5m/s，耕深：300mm　b）速度：0.5m/s，耕深：350mm

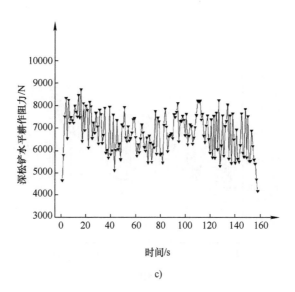

c)

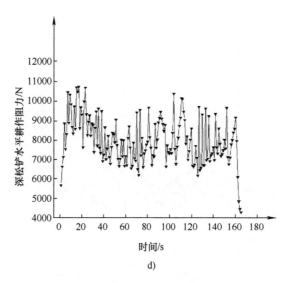

d)

图 4-7　L 型深松铲水平耕作阻力（续）

c）速度：1.0m/s，耕深：300mm　d）速度：1.0m/s，耕深：350mm

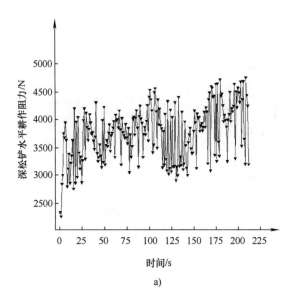

a)

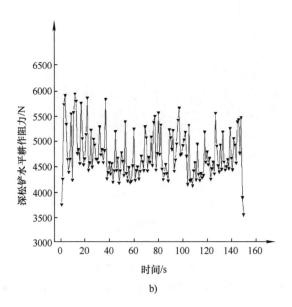

b)

图 4-8　倾斜型深松铲水平耕作阻力

a）速度：0.5m/s，耕深：300mm　b）速度：0.5m/s，耕深：350mm

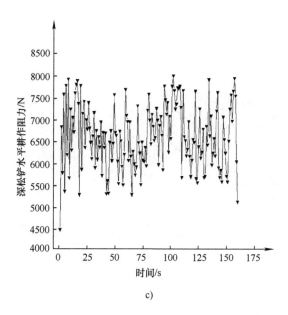

c)

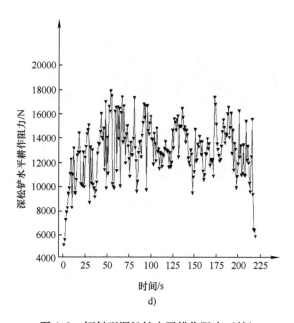

d)

图 4-8　倾斜型深松铲水平耕作阻力（续）

c）速度：1.0m/s，耕深：300mm　d）速度：1.0m/s，耕深：350mm

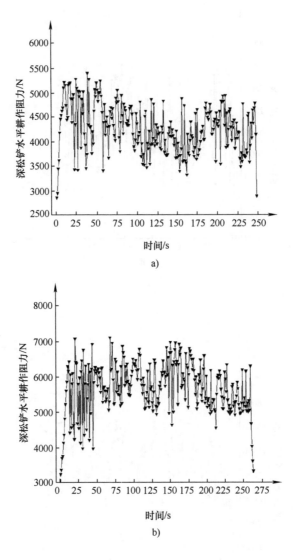

图 4-9 抛物线型深松铲水平耕作阻力

a）速度：0.5m/s，耕深：300mm   b）速度：0.5m/s，耕深：350mm

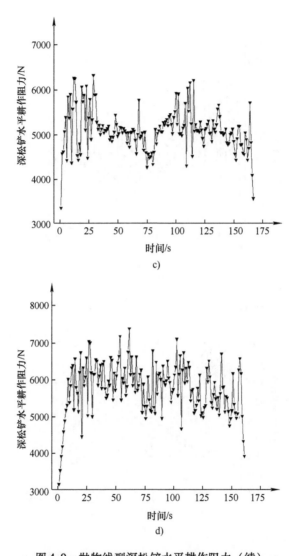

图 4-9　抛物线型深松铲水平耕作阻力（续）

c）速度：1.0m/s，耕深：300mm　d）速度：1.0m/s，耕深：350mm

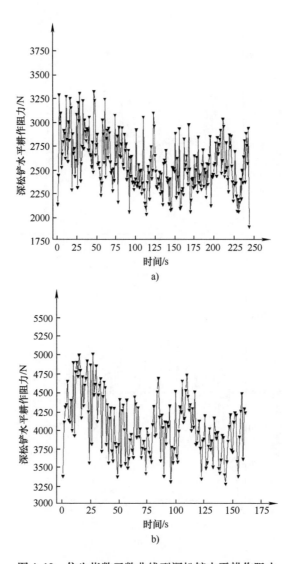

图 4-10　仿生指数函数曲线型深松铲水平耕作阻力

a) 速度: 0.5m/s, 耕深: 300mm　b) 速度: 0.5m/s, 耕深: 350mm

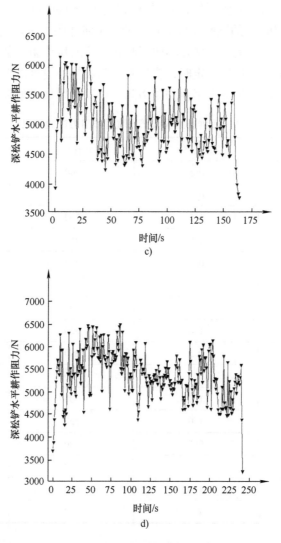

图 4-10 仿生指数函数曲线型深松铲水平耕作阻力（续）

c）速度：1.0m/s，耕深：300mm   d）速度：1.0m/s，耕深：350mm

由于本次试验的耕作阻力数据采用遥测系统进行数据的采集和整理，因此，在试验过程中不可避免地会出现信号暂时中断或信号传输不稳的现象。但正式试验前进行了预试验，并对信号采集和处理系统进行了充分的调试，因此，耕作阻力数据的信号采集及处理过程较为顺畅，除个别的数据出现奇异（数据为零或突然增大）外，其余绝大多数数据点较为均匀稳定。在后续的试验数据处理过程中，需要对数据点进行奇异点的删除处理。

表4-6列出了四种类型深松铲在耕深分别为300mm和350mm，前进速度分别为0.5m/s和1.0m/s的试验条件下得到的水平耕作阻力平均值。

由表4-6中四种类型深松铲在不同试验条件下的耕作阻力数据可以发现，对于同种类型深松铲，当耕深一定时，耕作阻力随着耕作速度的增加而增大；而当耕作速度一定时，深松铲的水平耕作阻力随着耕深的增加而增大。

表4-6　四种类型深松铲土壤耕作阻力试验结果

深松铲类型	前进速度/(m/s)	耕深/mm	水平耕作阻力/N
L型	0.5	300	4603.0
	0.5	350	6420.1
	1.0	300	6822.9
	1.0	350	8080.8
倾斜型	0.5	300	4761.9
	0.5	350	4887.2
	1.0	300	6647.8
	1.0	350	13064.1
抛物线型	0.5	300	4301.3
	0.5	350	5762.1
	1.0	300	5117.2
	1.0	350	5855.1
仿生指数函数曲线型	0.5	300	2583.3
	0.5	350	4061.2
	1.0	300	5026.7
	1.0	350	5387.7

4.5.2　仿生指数函数曲线型深松铲试验结果分析

图4-11所示为仿生指数函数曲线型深松铲不同试验条件下的耕作阻力对比。

从图4-11中可以发现，在耕深为300mm，耕作速度从0.5m/s增加到1.0m/s的试验条件下，耕作阻力增大了36.4%；而当耕深为350mm，耕作速度从0.5m/s增加到1.0m/s时，耕作阻力增大了6.7%。当前进速度为0.5m/s，耕深从300mm增加到350mm时，其耕作阻力增大了48.6%；而当前进速度为1.0m/s，耕深从300mm增加到350mm时，其耕作阻力增大了24.6%。

以上的数据分析结果表明，深松铲的耕深和前进速度对深松铲的水平耕作阻

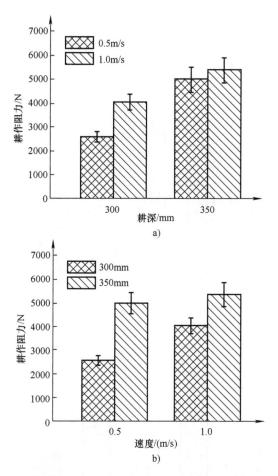

图 4-11　仿生指数函数曲线型深松铲不同试验条件下的耕作阻力对比

a）速度对耕作阻力的影响　b）耕深对耕作阻力的影响

力均具有显著影响。而且，当耕作速度增加（由 0.5m/s 增加到 1.0m/s）时，深耕（350mm）和浅耕（300mm）对深松铲的耕作阻力均具有不同程度的影响；当耕深增加（由 300mm 增加到 350mm）时，低速（0.5m/s）与高速（1.0m/s）作业对深松铲的耕作阻力也具有不同程度的影响。

4.5.3　深松铲耕作阻力对比分析

图 4-12 所示为四种类型深松铲在不同试验条件下的耕作阻力对比。为了绘图及对比方便，现将四种类型的深松铲名称及试验条件名称进行简化，简化方式如下：L 型——L 型，倾斜型——Q 型，抛物线型——P 型，仿生指数函数曲线型——Z 型，d——耕深，v——前进速度。

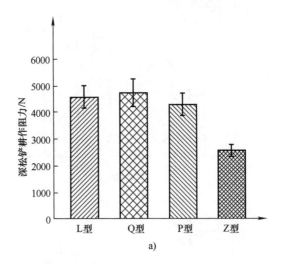

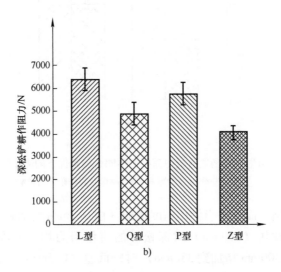

图 4-12 四种类型深松铲在不同试验条件下的耕作阻力对比

a) $d=300\mathrm{mm}$, $v=0.5\mathrm{m/s}$ b) $d=300\mathrm{mm}$, $v=1.0\mathrm{m/s}$

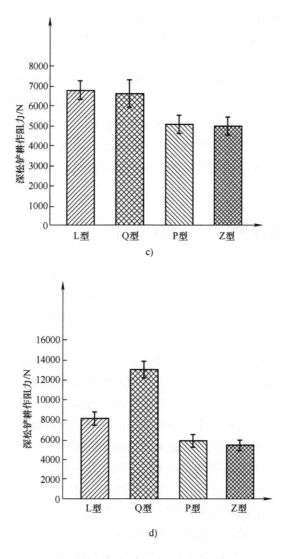

图 4-12　四种类型深松铲在不同试验条件下的耕作阻力对比（续）

c）$d = 350mm$，$v = 0.5m/s$　d）$d = 350mm$，$v = 1.0m/s$

从图 4-12 中四种类型深松铲在不同试验条件下的耕作阻力对比分析结果可以发现，在相同的试验条件下，Z 型（仿生指数函数曲线型）深松铲的耕作阻力均小于其他类型，而 P 型深松铲的耕作阻力除在图 4-12b 中稍高于 Q 型深松铲外，其余试验条件下均小于其他两种类型而仅次于 Z 型深松铲。在 $d = 300mm$，$v = 0.5m/s$ 的试验条件下，Z 型深松铲与 L 型、Q 型和 P 型深松铲相比，耕作阻力分别降低了 43.9%、45.7% 和 39.9%；在 $d = 300mm$，$v = 1.0m/s$ 的试验条件下，Z型深松铲与L型、Q型和P型深松铲相比，耕作阻力分别下降了36.7%、16.9%和29.5%；在 $d=350\text{mm}$，$v=0.5\text{m/s}$ 的试验条件下，Z型深松铲与L型、Q型和P型深松铲相比，耕作阻力分别下降了26.3%、24.4%和17.7%；在 $d=350\text{mm}$，$v=1.0\text{m/s}$ 的试验条件下，Z型深松铲与L型、Q型和P型深松铲相比，耕作阻力分别降低了33.3%、58.7%和7.9%。上述对比分析的结果表明，仿生指数函数曲线型深松铲与其他三种类型的深松铲相比，具有显著的减阻性能，同时，前进速度、耕深等试验因素对深松铲的耕作阻力具有显著影响。本章基于土壤洞穴动物爪趾高效挖掘功能设计的仿生指数函数曲线型深松铲具有显著的减阻性能。

4.6 仿生减阻深松铲减阻机理分析

根据4.5节的四种类型深松铲耕作阻力的对比分析结果，在相同的试验条件下，仿生减阻深松铲的耕作阻力明显小于其他3种类型。而仿生减阻深松铲具有减阻性能的原因，主要是铲柄破土刃口曲线的结构形式使土壤与铲柄破土刃口接触后的运动形态发生了改变，这种改变最终导致土壤颗粒将以最小能量消耗的方式与铲柄刃口发生接触，从而一方面减小了土壤对铲体的黏附阻力，另一方面使得土壤与铲体的摩擦阻力也降低，综合作用的结果表现为深松铲的总体水平耕作阻力下降。在实际工作过程中，深松铲是沿水平方向以恒定速度 v 向前运动，不妨做这样的假设：将深松铲看作是不动的，而土壤颗粒以恒定速度 v 向铲柄破土刃口运动，当土壤颗粒与深松铲柄破土刃口接触的瞬间，其相对速度 v 可以被分解为两个方向，一是沿曲线接触点 $O_1(O_2)$ 处的法向速度 $v_1(v_1')$，二是沿接触点 $O_1(O_2)$ 处切线方向向上的速度 $v_2(v_2')$，如图4-13所示。

对于图4-13a，v_1 在瞬间全部转化为沿接触点法向的冲力 F_c，而 F_c 会在接触点处对铲柄产生与 v 的方向相同（即沿水平方向）的分力 F_c^l，同时会产生一个竖直向下的分力 F_c^v。F_c^v 只会对铲体产生向下的压力，不会形成水平方向的阻力，而 F_c^l 则直接表现为土壤对铲体水平方向的阻力。同理，对于图4-13b，v_1' 将在接触点处对铲体产生垂直于接触点切线方向的冲力 F_c'，而 F_c' 沿水平方向的分量 $F_c'^l$ 即是对铲体产生的水平方向的阻力。根据牛顿第二定律，由式（4-4）、式（4-5）及式（4-6）、式（4-7）可计算出 v_1、v_1'、F_c、F_c' 的值。

$$F_c = ma = m\frac{v_1 - v_0}{t} \tag{4-4}$$

$$F_c' = ma' = m\frac{v_1' - v_0}{t} \tag{4-5}$$

$$v_1 = v\cos\alpha_1 \qquad\qquad (4\text{-}6)$$

$$v_1' = v\cos\alpha_2 \qquad\qquad (4\text{-}7)$$

式中　m——颗粒质量（g）；

$\quad$　a——加速度（m/s^2）；

$\quad$　v_0——末速度（m/s）；

$\quad$　t——作用时间（s）；

$\quad$　v——初始速度（m/s）。

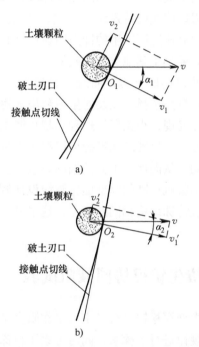

图 4-13　土壤颗粒与深松铲柄破土刃口接触运动状态

a) 仿生指数函数曲线型深松铲柄　b) 其他类型深松铲柄

　　由于土壤颗粒接触到铲体后，沿接触点法向的末速度 $v_0 = 0$，根据式 (4-8)、式 (4-9) 可分别计算出 F_c、F_c'。

$$F_c = m\frac{v_1 - v_0}{t} = m\frac{v_1}{t} = \frac{mv}{t}\cos\alpha_1 \qquad\qquad (4\text{-}8)$$

$$F_c' = m\frac{v_1' - v_0}{t} = m\frac{v_1'}{t} = \frac{mv}{t}\cos\alpha_2 \qquad\qquad (4\text{-}9)$$

式中　v——土壤颗粒与深松铲的相对运动速度；

v_1、v_1'——v 沿接触点处法向的分量；

α_1、α_2——v 与 v_1、v_1' 的夹角。

由于 $\alpha_1 > \alpha_2$，所以 $F_c < F'_c$。

利用式（4-10）、式（4-11）可分别对 F_c 和 F'_c 在水平方向的分量 F^l_c、F'^l_c 进行求解。

$$F^l_c = F_c \cos\alpha_1 \qquad\qquad (4\text{-}10)$$

$$F'^l_c = F'_c \cos\alpha_2 \qquad\qquad (4\text{-}11)$$

由于 $F_c < F'_c$，$\cos\alpha_1 < \cos\alpha_2$，所以 $F^l_c < F'^l_c$。

根据计算的结果，当土壤颗粒以相同的速度冲击铲柄破土刃口时，由于仿生减阻深松铲的铲柄破土刃口曲线的特殊结构形式，使得土壤颗粒水平初始速度 v 在垂直接触点切线方向的分速度所产生的冲力明显小于其他类型铲柄，因此，仿生减阻深松铲的土壤阻力要小于其他类型深松铲。

另外，仿生深松铲的铲柄破土刃口曲线取自典型土壤洞穴动物小家鼠的爪趾。经过亿万年的进化和自然选择，以及对生活环境的逐渐适应，小家鼠爪趾具备了高效挖掘性能。研究发现，小家鼠的这种卓越功能主要得益于其爪趾的特殊结构，即爪趾轮廓面的形态，这种结构形态可以在挖土过程中使土壤在其爪趾表面以最小的阻力状态运动，从而保证了其挖掘的高效性。本章的仿生减阻深松铲柄的破土刃口即是根据小家鼠爪趾的纵剖面轮廓线设计制造，因此，它在一定程度上具备了与小家鼠爪趾特殊结构相同的优点，这也是它具有减阻性能的一个主要原因。

4.7　仿生铲柄与仿生铲刃协同减阻试验

本章已经利用四种类型深松铲进行了土槽耕作阻力试验，对深松铲柄的结构形式对耕作阻力的影响规律进行了探索，同时考察了耕深和前进速度对深松铲耕作阻力的影响。本节的主要内容是将仿生指数函数曲线型深松铲柄分别与仿生深松铲刃和传统平板型深松铲刃相结合，进行土槽深松耕作阻力试验，考察仿生指数函数曲线型深松铲柄和仿生棱纹形深松铲刃的协同减阻效果。

4.7.1　试验方案

1. 仿生深松铲柄类型

本试验所用铲柄为 2.5 节设计制造的仿生指数函数曲线型减阻深松铲柄（见图 2-22a）。

2. 仿生深松铲刃设计

本试验所用仿生深松铲刃的表面几何结构为 2.3.2 小节设计的仿生棱纹形几何结构。在充分考虑深松耕作工况的前提下，参照 JB/T 9788—2020 中深松铲刃的设计标准，设计了仿生棱纹形深松铲刃（见图 4-14）和平板型深松铲刃。深松铲刃的加工制造材料为 65Mn，其热处理方法和技术要求参照 2.3.3 小节。仿生棱纹形几何结构在铲刃的分布间距分别为 1D、1.5D 和 2D 三种类型。制造完成的三种不同棱纹分布间距仿生棱纹形深松铲刃和平板型深松铲刃如图 4-15 所示。

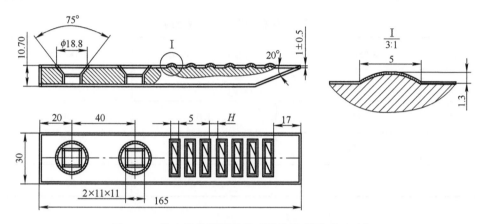

图 4-14　仿生棱纹形深松铲刃结构示意图（1D 型）

图 4-15　三种不同棱纹分布间距仿生棱纹形深松铲刃和平板型深松铲刃

a）2D 型　b）1D 型　c）1.5D 型　d）平板型

3. 试验条件

试验地点为黑龙江省农业机械工程科学研究院室内土槽。耕深、前进速度、牵引机械、测试系统、试验区土壤性状等与4.2~4.4节相同。

4. 试验安排

本次深松耕作阻力试验方案见表4-7。

表4-7 深松耕作阻力试验方案

序号	深松铲刃形式	前进速度/(m/s)	耕深/mm
1	平板型	0.5	300
2	1D型	1.0	350
3	1.5D型	—	—
4	2D型	—	—

4.7.2 耕作阻力试验结果

利用仿生指数函数曲线型深松铲柄与三种不同棱纹分布间距的仿生深松铲刃和传统平板型深松铲刃相结合，进行了土槽深松耕作阻力试验，获得了不同试验条件下的水平耕作阻力数据，如图4-16~图4-19所示。v代表前进速度，d代表耕作深度。

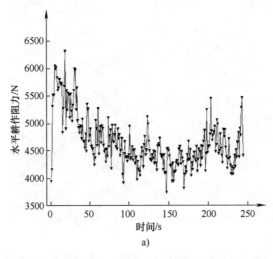

a)

图4-16 $v=0.5$m/s，$d=300$mm试验条件下四种类型深松铲刃的水平耕作阻力

a）平板型

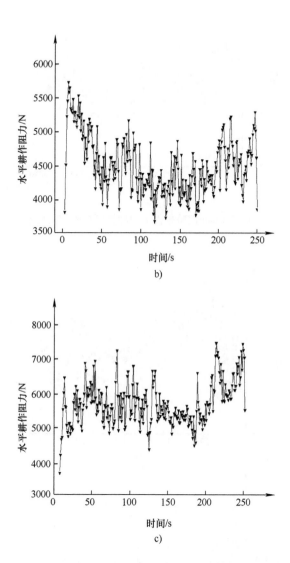

图 4-16　$v=0.5\text{m/s}$，$d=300\text{mm}$ 试验条件下四种类型深松铲刃的水平耕作阻力（续）

b）$1D$ 型　c）$1.5D$ 型

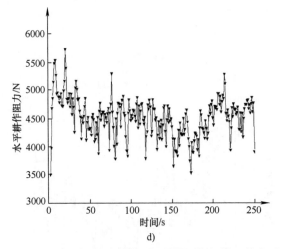

图 4-16　$v = 0.5\text{m/s}$，$d = 300\text{mm}$ 试验条件下四种类型深松铲刃的水平耕作阻力（续）

d）2D 型

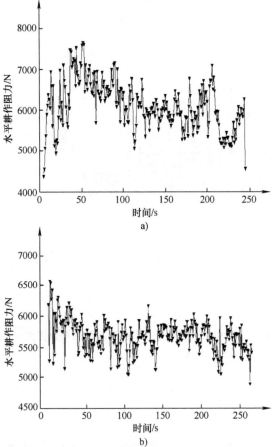

a）

b）

图 4-17　$v = 0.5\text{m/s}$，$d = 350\text{mm}$ 试验条件下四种类型深松铲刃的水平耕作阻力

a）平板型　b）1D 型

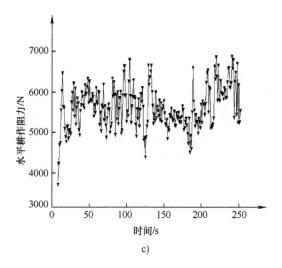

c)

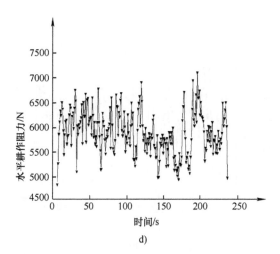

d)

图 4-17　$v = 0.5\text{m/s}$，$d = 350\text{mm}$ 试验条件下四种类型深松铲刃的水平耕作阻力（续）

c) 1.5D 型　d) 2D 型

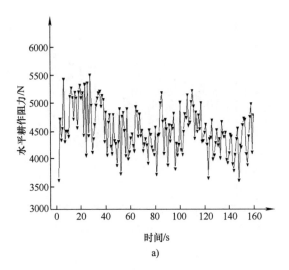

a)

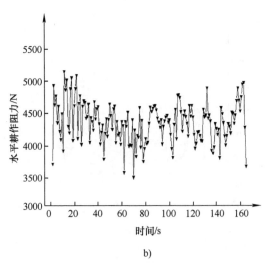

b)

图 4-18 $v = 1.0\text{m/s}$，$d = 300\text{mm}$ 试验条件下四种类型深松铲刃的水平耕作阻力

a）平板型　b）1D 型

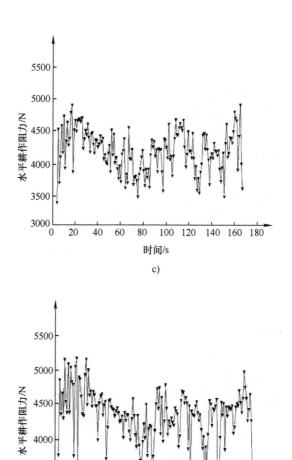

c)

d)

图 4-18　$v = 1.0 \text{m/s}$，$d = 300 \text{mm}$ 试验条件下四种类型深松铲刃的水平耕作阻力（续）

c) 1.5D 型　d) 2D 型

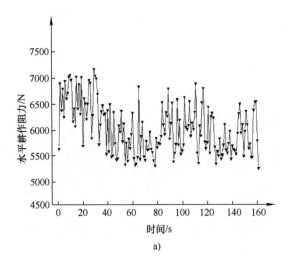

a)

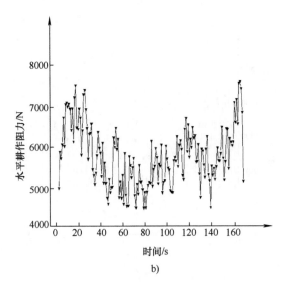

b)

图4-19 $v = 1.0\mathrm{m/s}$ ，$d = 350\mathrm{mm}$ 试验条件下四种类型深松铲刃的水平耕作阻力

a) 平板型 b) 1D 型

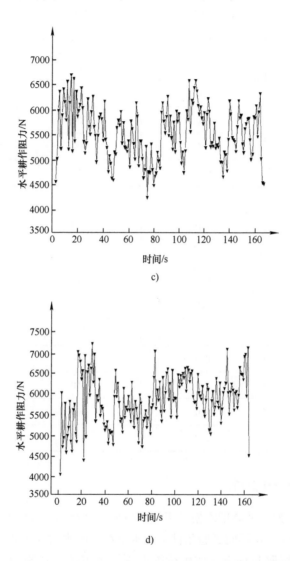

图 4-19　$v = 1.0\text{m/s}$，$d = 350\text{mm}$ 试验条件下四种类型深松铲刃的水平耕作阻力（续）

c）1.5*D* 型　d）2*D* 型

　　表 4-8 列出了仿生深松铲柄分别与仿生深松铲刃和平板型深松铲刃相结合，在不同试验条件下的水平耕作阻力试验结果平均值。

表4-8　四种类型深松铲刃水平耕作阻力试验结果平均值

深松铲刃类型	前进速度/(m/s)	耕深/mm	水平耕作阻力/N
平板型	0.5	300	4663
	0.5	350	6064
	1.0	300	4692
	1.0	350	6122
1D 型	0.5	300	4492
	0.5	350	5713
	1.0	300	4486
	1.0	350	5872
1.5D 型	0.5	300	4187
	0.5	350	5612
	1.0	300	4318
	1.0	350	5757
2D 型	0.5	300	4481
	0.5	350	5795
	1.0	300	4503
	1.0	350	5912

4.7.3　耕作阻力对比分析

图4-20所示为四种类型深松铲刃（1D 型、1.5D 型、2D 型和平板型）与仿生深松铲柄相结合，在不同试验条件下的水平耕作阻力对比分析。从分析结果可以发现，在相同试验条件下，仿生棱纹形深松铲刃的耕作阻力均小于传统平板型。三种不同棱纹分布间距的仿生深松铲刃的对比分析结果显示，1.5D 型深松铲刃的耕作阻力最小。在图4-20a 的试验条件下，仿生棱纹形深松铲刃（1D 型、1.5D 型和2D 型）与平板型相比，耕作阻力分别减小了 3.7%、10.2% 和 3.9%；在图4-20b 的试验条件下，相比于平板型深松铲刃，仿生深松铲刃的耕作阻力分别减小了 5.8%、7.5% 和 4.4%；在图4-20c 的试验条件下，仿生深松铲刃相比

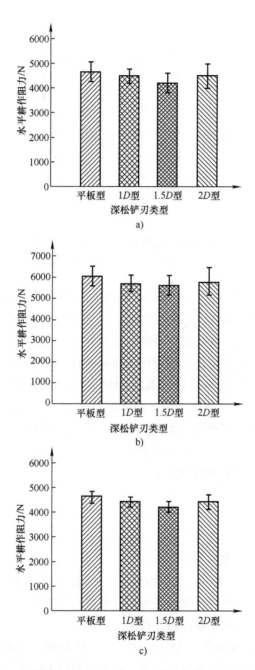

图 4-20 四种类型深松铲刃在不同试验条件下的水平耕作阻力对比

a) $v = 0.5\text{m/s}$, $d = 300\text{mm}$ b) $v = 0.5\text{m/s}$, $d = 350\text{mm}$

c) $v = 1.0\text{m/s}$, $d = 300\text{mm}$

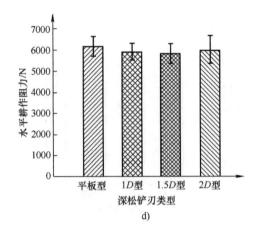

图 4-20　四种类型深松铲刃在不同试验条件下的水平耕作阻力对比（续）

d) $v = 1.0\text{m/s}$, $d = 350\text{mm}$

于平板型铲刃分别减阻 4.4% 、7.9% 和 4.1% ；在图 4-20d 的试验条件下，仿生深松铲刃与平板型铲刃相比，分别减阻 4.1% 、6.0% 和 3.4% 。

上述分析结果表明，深松铲刃表面增设仿生棱纹形几何结构肋条可以在一定程度上减小深松铲的耕作阻力。探究仿生棱纹形深松铲刃具备减阻性能的原因，一是由于仿生棱纹形几何结构对与其接触的土壤颗粒产生了"滚动效应"和"引导效应"，导致土壤对铲刃表面的摩擦阻力减小；二是仿生棱纹形几何结构的存在，减小了土壤与铲刃触土面的实际接触面积，减小了土壤对铲刃表面的物理和化学吸附，同时破坏了接触面与土壤间的密闭性，使真空负压难以形成，这都将使土壤对接触面的黏附阻力减小。

4.8　小结

本章介绍的主要内容如下：

1）选择合理的试验条件，利用四种不同类型铲柄的深松铲（L 型、倾斜型、抛物线型及仿生指数函数曲线型）在室内土槽进行了耕作阻力测试，获得了深松铲在不同试验条件下的水平耕作阻力数据。

2）对深松铲的土槽耕作试验结果进行了系统分析，结果表明，对于所有类型深松铲，随着耕深和前进速度的增加，耕作阻力随之增大。对于同类型的深松铲，深耕、浅耕、高速、低速会对深松铲的耕作阻力产生不同程度的影响。

3）在相同的试验条件下，针对四种类型深松铲的耕作阻力进行了对比分析，结果表明，仿生指数函数曲线型深松铲在全部试验条件下的耕作阻力均明显小于其他三种类型的深松铲，减阻效果明显。

4）根据土壤对深松铲柄破土刃口产生的冲力，对仿生减阻深松铲的减阻机理进行了分析，从冲击能量的角度解释了仿生深松铲具备减阻性能的原因。

5）对仿生深松铲柄与仿生深松铲刃的协同减阻效应进行了分析，结果表明，在相同试验条件下，与传统平板型深松铲刃相比，仿生棱纹形深松铲刃可以有效减小深松耕作阻力。对于三种不同棱纹分布间距的仿生深松铲刃，$1.5D$ 型的减阻效果最佳。

参 考 文 献

[1] 张鹏，郭志军，金鑫，等. 仿生变曲率深松铲柄减阻设计与试验 [J]. 吉林大学学报（工学版），2022，52（5）：1174 – 1183.

[2] 侯金铭. 基于金刚石印压微结构的减阻性能研究 [D]. 长春：长春理工大学，2021.

[3] 李广浩，冯娜，刘贯杰. 基于仿生鱼体结构的平板减阻方法 [J]. 水下无人系统学报，2021，29（1）：80 – 87.

[4] 陈睿，田琦，逄燕，等. 仿生 V 形沟槽排列方式对减阻特性的研究 [C] // 北京力学会. 北京力学会第二十七届学术年会论文集. 北京：北京工业大学材料与制造学部，2021：4.

[5] 温健. 大鳞副泥鳅（P. Dabryanus）体表柔性微形貌减阻特性仿生研究 [D]. 沈阳：沈阳农业大学，2020.

[6] 尹红泽，陈文刚，陈龙，等. 微织构技术在农林和草原机械中的摩擦学性能研究 [J]. 林业和草原机械，2020，1（3）：28 – 33.

[7] 代翠，戈志鹏，董亮，等. 离心泵仿生表面减阻降噪特性研究 [J]. 华中科技大学学报（自然科学版），2020，48（9）：113 – 118.

[8] 李娟，朱章钰，翟昊，等. 基于仿生学的强化传热与减阻技术研究进展 [J]. 化工进展，2021，40（5）：2375 – 2388.

[9] 闫国琦，田鹏，莫嘉嗣，等. 船式水田机械低速阻力畸变及仿生减阻 [J]. 农业工程技术，2020，40（21）：92.

[10] 韦喜忠，沈泓萃，陈伟政. 仿生水动力学研究进展综述 [J]. 船舶力学，2020，24（7）：962 – 970.

[11] 邰警锋. 仿生海豚非光滑表面减阻技术研究 [D]. 深圳：深圳大学，2020.

[12] 蒋开云. 基于巨蜥的仿生机构设计及其应用研究 [D]. 桂林：桂林电子科技大学，2020.

[13] 胡华涛. 高速列车仿生非光滑表面减阻特性及其对噪声影响研究 [D]. 南昌：华东交通大学，2020.

[14] 徐志龙. 基于非光滑结构的高速列车受电弓气动特性研究 [D]. 南昌：华东交通大学，2020.

[15] 王珥. 仿生非光滑结构对水泵叶片阻力的影响 [D]. 烟台：烟台大学，2020.

[16] 张腾蛟. 基于激光加工的仿生超疏水表面及减阻技术研究 [D]. 哈尔滨：哈尔滨工业大学，2020.

[17] 卓旺旺. 基于仿生微结构表面的复合减阻特性研究 [D]. 青岛：山东科技大学，2020.

[18] 王立冬. 双耦合仿生减阻深松铲性能试验研究 [D]. 长春：吉林大学，2020.

[19] 端木令坚. 木薯收获机仿生挖掘铲减阻设计与研究 [D]. 长春：吉林大学，2020.

[20] 何水. 钛合金叶片高气流动力性能仿生表面砂带磨削方法及其实验研究 [D]. 重庆：重庆大学，2020.

[21] 孙坤. 陶瓷练泥机电渗仿生减黏降阻研究 [D]. 景德镇：景德镇陶瓷大学，2020.

[22] 王晨飞. 仿生超疏水沟槽减阻特性的 CFD 研究 [D]. 大连：大连理工大学，2020.

[23] 路云. 高速仿生开沟器设计与试验研究 [D]. 长春：吉林大学，2020.

[24] 陈鑫，阮新建，汪硕，等. 仿生非光滑车外后视镜罩气动减阻降噪机理研究 [J]. 湖南大学学报（自然科学版），2020，47（4）：16-23.

[25] 窦如宏. 仿生非光滑表面减阻特性数值研究 [D]. 青岛：青岛科技大学，2020.

[26] 许建民，范健明. 基于正交试验法的厢式货车气动减阻优化 [J]. 重庆大学学报，2020，43（3）：12-26.

[27] 冯艳艳，唐亚鸣，时安德，等. 仿生刀齿减阻性能数值模拟 [J]. 机械设计与制造工程，2020，49（3）：1-4.

[28] 于云峰，王彬. 玉米地仿生减阻式深松铲的设计 [J]. 湖北农机化，2020（5）：143-144.

[29] 代翠，陈怡平，董亮，等. 离心泵叶片仿生非光滑结构的布置位置 [J]. 排灌机械工程学报，2020，38（3）：241-247.

[30] 任学壮. 仿生水下减阻抗污损结构设计与光纤激光制造技术的研究 [D]. 西安：陕西科技大学，2020.

[31] 赵德峰，陈贞祥，赵海燕，等. 仿生减阻材料的制备及其性能研究 [J]. 体育科研，2020，41（1）：100-103.

[32] 王少伟. 山地果园螺旋开沟机的开沟刀具设计与性能分析 [D]. 武汉：华中农业大学，2019.

[33] 李闯，巴梁，王国付，等. 输气管内壁仿生减阻大涡模拟 [J]. 辽宁石油化工大学学报，2019，39（5）：59-64.

[34] 田晓洁，刘运祥，刘贵杰，等. 仿金枪鱼三维建模及流场受力分析 [J]. 中国海洋大学学报（自然科学版），2019，49（11）：139-144.

[35] 张东光，左国标，佟金，等. 蚯蚓仿生注液沃土装置设计与试验 [J]. 农业工程学报，2019，35（19）：29-36.

[36] 崔刚，马云海，杨德秋，等. 马铃薯挖掘铲仿生减阻技术研究概况 [J]. 农业工程，2019，9（9）：19-22.

[37] 钟佩思，赵晓贺，倪伟，等. 仿生非光滑表面管道的设计及有限元分析 [J]. 液压与气

动，2019，(7)：70-75.

[38] 许建民，范健明. 厢式货车气动减阻装置的减阻效果研究 [J]. 汽车工程，2019，41 (6)：688-695.

[39] 王少伟，李善军，张衍林，等. 鼹鼠趾仿生及表面热处理提高齿形开沟刀减阻耐磨性能 [J]. 农业工程学报，2019，35 (12)：10-20.

[40] 李龙阳. 仿生微结构的设计制备与减阻性能研究 [D]. 宁波：中国科学院宁波材料技术与工程研究所，2019.

[41] 杨玉婉. 鼹鼠前足多趾组合结构切土性能研究与仿生旋耕刀设计 [D]. 长春：吉林大学，2019.

[42] 田鹏. 船式水田行走机械仿生减阻试验与研究 [D]. 广州：华南农业大学，2019.

[43] 刘凯凯. 基于"仿生"的通风空调管道三通减阻方法研究 [D]. 西安：西安建筑科技大学，2019.

[44] 戈志鹏. 基于大规模并行网格的离心泵仿生叶片减阻降噪特性研究 [D]. 镇江：江苏大学，2019.

[45] 李闯. 输气管道仿生肋条湍流减阻特性数值模拟 [D]. 抚顺：辽宁石油化工大学，2019.

[46] 姚久元. 基于蚯蚓波纹润滑体表的仿生开沟器优化研究 [D]. 长春：吉林大学，2019.

[47] 朱玲. 绕流叶片微纳仿生超疏水的制备与减阻机理研究 [D]. 长春：吉林大学，2019.

[48] 王永鑫，张昌明，申琪，等. 浅谈减阻耐磨仿生结构研究的发展 [J]. 机电信息，2019 (15)：158-159.

[49] 沈迪. 河鲀皮肤组织力学和接触角特性测量及其仿生减阻应用 [D]. 镇江：江苏科技大学，2019.

[50] 李晓青. 仿河鲀体刺的非光滑表面减阻特性与流场结构研究 [D]. 镇江：江苏科技大学，2019

[51] 姜宇轩. 河鲀表皮及其仿生减阻构件表面流动特性的测量 [D]. 镇江：江苏科技大学，2019.

[52] 周宏根，崔杰，田桂中，等. 河鲀背部形貌曲面拟合及数学建模 [J]. 吉林大学学报（工学版），2020，50 (3)：1131-1137.

[53] 王春举，程利冬，薛韶曦，等. 仿生减阻微结构制造技术综述 [J]. 精密成形工程，2019，11 (3)：88-98.

[54] 东姣. 基于试验设计的非光滑表面汽车气动特性研究 [D]. 十堰：湖北汽车工业学院，2019.

[55] 俞杰. 基于家兔爪趾结构的旋耕刀仿生设计 [D]. 长沙：中南林业科技大学，2019.

[56] 李莹. 砂鱼蜥（Scincus scincus）表皮鳞片微观形态观察与耐磨、减阻特性研究 [D]. 昆明：昆明理工大学，2019.

[57] 贾得顺. 仿生推土板准线变曲率规律及其减阻性能研究 [D]. 洛阳：河南科技大学，2019.

[58] 袁志群，谷正气. 基于多孔介质材料和仿生设计的汽车阻流板减阻机理 [J]. 中国机械工程，2019，30 (7)：777 – 785.

[59] 薛群基，海洋航行体表面调控与仿生减阻机理 [Z]. 宁波：中国科学院宁波材料技术与工程研究所，2019.

[60] 许建民. 基于仿生导流罩的厢式货车减阻研究 [J]. 汽车工程，2019，41 (3)：283 – 288.

[61] 田丽梅，张吉祥，梁颖，等. 离心泵仿生减阻增效涂层的涂覆工艺参数优化 [J]. 农业工程学报，2019，35 (6)：47 – 54.

[62] 刘梅，李曙光，吴正人，等. 带沟槽结构的平板流动中的熵产分析 [J]. 计算物理，2020，37 (2)：182 – 188.

[63] 冯艳艳，唐亚鸣，时安德，等. 波纹形仿生疏浚绞刀刀齿的减黏减阻研究 [J]. 机电技术，2018 (6)：21 – 23，42.

[64] 余建. 仿生射流表面湍流减阻机理研究 [R]. 兰州：兰州理工大学，2018.

[65] 赵刚. 仿生表面射流减阻技术及应用 [R]. 哈尔滨：哈尔滨工程大学，2018.

[66] 李晓鹏，廖敏，胡奔，等. 马铃薯仿生挖掘铲片及其减阻特性研究 [J]. 农机化研究，2019，41 (6)：19 – 25，31.

[67] 赵雄，马行潇，高巧玲，等. 仿生减阻树木移植机铲片设计与试验 [J]. 农业工程学报，2018，34 (16)：37 – 42.

[68] 吴雪桥. 蚯蚓波纹润滑体表减黏降阻特性及耦合仿生研究 [D]. 长春：吉林大学，2018.

[69] 郝路亭. 基于双向流固耦合的柔性表面仿生减阻研究 [D]. 大连：大连理工大学，2018.

[70] 宋美艳. 微球构筑的仿生减阻防污涂层的研究 [D]. 北京：北京化工大学，2018.

[71] 石林榕，赵武云，孙伟，等. 马铃薯仿生挖掘铲减阻性能研究 [J]. 干旱地区农业研究，2018，36 (3)：286 – 291.

[72] 许琛. 河鲀体表黏液流变特性测量及其仿生减阻应用研究 [D]. 镇江：江苏科技大学，2018.

[73] 王养俊. 弹性导热仿生功能表面热—流—固耦合减阻机制研究 [D]. 长春：吉林大学，2018.

[74] 张广凯. 克氏原螯虾的生物耦合特性研究及其在触土部件上的应用 [D]. 昆明：昆明理工大学，2018.

[75] 卜卫羊. 仿生超疏水叶片的制备及其表面流体运动形态的研究 [D]. 长春：吉林大学，2018.

[76] 杨雪峰. 仿生鲨鱼皮大面积成型技术及减阻性能研究 [D]. 大连：大连理工大学，2018.

[77] 刘海涛，徐志龙. 基于仿生非光滑结构的高速列车受电弓杆件减阻降噪研究 [J]. 噪声与振动控制，2018，38 (S1)：269 – 272.

[78] 李晓鹏. 马铃薯耦合仿生挖掘及其减阻研究 [D]. 成都：西华大学，2018.

[79] 倪捷，刘志强，秦洪懋，等. 车辆仿生结构气动特性分析与优化 [J]. 机械设计与制造，2018 (3)：244 – 247.

[80] 于洪文. 基于翼型的表面特性研究 [D]. 长春：长春理工大学，2018.

[81] 谭娜，邢志国，王海斗，等. 基于仿生原理的几何构型及其功能性的研究进展 [J]. 材料工程，2018，46 (1)：133 – 140.

第5章 深松铲田间耕作试验研究

农机具的田间作业是考核其性能及作业质量的一项重要环节。通过田间深松耕作试验，既可以达到验证土槽试验结果的目的，同时还可以进一步考察其在实际工作条件下的耕作性能。田间耕作试验比较接近实际的耕作过程，由于作业环境更加复杂，可以发现实验室试验中无法遇到的实际问题，并从解决这些关键技术问题的过程中积累经验，为日后仿生减阻深松铲的开发与应用提供技术指导。本章介绍的主要研究工作是利用仿生减阻深松铲与传统深松铲在田间进行耕作阻力测试，考察仿生减阻深松铲的实际工作性能及减阻效果。

5.1　试验方案

本章田间耕作试验的内容主要是选择合适的试验条件并制定详细合理的试验方案，完成深松铲耕作过程中的各项指标测试。设定不同的试验条件，对仿生减阻深松铲与传统深松铲的耕作阻力特性进行测试，并根据耕作阻力的试验结果考察仿生减阻深松铲的减阻性能，探索在田间工作过程中各试验因素对深松铲耕作阻力的影响规律。本章的田间耕作试验需要确定深松铲的耕作深度、牵引拖拉机的前进速度及对比深松铲类型等。

5.1.1　前进速度

前进速度对深松铲耕作阻力影响显著。深松铲田间耕作试验利用拖拉机作为牵引机具，试验前根据拖拉机具体技术参数并结合试验要求确定前进速度。由于土槽试验车采用液压或电动机驱动，速度的设置方便，操控比较平稳，在试验过程中速度的稳定性好；而拖拉机的前进速度需要依靠驾驶员自身的驾驶操作经验和技术进行人为控制。因此，在试验过程中可能存在速度不稳定的现象，这将会对深松铲耕作阻力数据产生严重影响。目前，我国深松机的作业速度一般为 3～10km/h。本次试验过程中需要对深松铲耕作阻力数据进行采集，采集系统采用农机动力学参数遥测系统。为了避免采集的数据信号因拖拉机的振动而失真，该系统只能在驾驶室外由试验人员携带并跟随拖拉机一同前进，在此过程中完成数据的采集整理工作，并保证数据采集的顺畅。在充分考虑上述技术要求的基础上，确定本次田间试验牵引拖拉机的前进速度为 2.0km/h（拖拉机的慢Ⅲ挡）和

3.6km/h（拖拉机的快Ⅲ挡）。

5.1.2　耕深确定及调节

根据第 4 章介绍的深松铲土槽耕作试验的测试结果，耕深对深松铲耕作阻力具有显著影响，同时，耕深也受到很多其他因素的制约，如深松铲自身的入土性能、土壤状况（如坚实度、含水量、容重和土壤颗粒尺寸分布）及拖拉机的输出功率等。目前，深松作业机具的深松深度范围一般为 250～450mm，只有极少数情况下达到了 500mm 或以上。本试验耕深确定为 250mm 和 350mm。目前大多数深松机采用限深轮设定作业深度，其原理是通过调整限深轮距铲尖的相对高度来调节耕深，距离越大，深度越深。但这种耕深调节方式要求作业机具两侧的限深轮高度要保持一致，否则会造成耕深不一致、土壤松碎效果差等问题。而拖拉机后悬架系统由于采用液压控制，耕深可随意调节，而且作业过程中耕深稳定性好、操作简单、方便可靠。因此，这一调节方式正在逐步被应用到中小型机具的耕深调节中。由于本次田间耕作试验深松铲采用单铲作业，因此采用拖拉机后悬架液压系统对耕深进行控制。

5.1.3　对比深松铲类型选择

在第 4 章介绍的工作中，深松铲土槽耕作阻力试验采用了三种类型深松铲与仿生减阻深松铲进行耕作阻力的对比试验分析。但这三种类型深松铲在实际作业中很少使用。传统的圆弧形深松铲由于结构简单、通用性强、加工制造成本相对较低等优点，被广泛应用于各种类型的深松机上。本次田间耕作试验更接近于实际的深松作业，因此选用传统圆弧形深松铲作为对比类型，在相同的试验条件下与仿生减阻深松铲进行耕作阻力对比试验。试验前加工制造了普通圆弧形深松铲，如图 5-1 所示。

5.1.4　数据采集方式

根据试验要求和实际应用环境的不同，田间耕作阻力数据的采集及获取方式较多。数据的采集系统主要由传感器、测试电路、信号接收或显示装置等组成，而传感器是测试系统中的核心部件，会直接决定试验数据的可靠性，甚至会决定测试试验的成败。目前常用的农机阻力测试传感器主要有以下几种。

1. 压电式三向力传感器

压电式三向力传感器可以将空间任何一个力分解为三个相互垂直的力并输出，是进行静态力、动态力测量的敏感元件，因此被广泛应用于航天、汽车、农业、国防及教育科研等行业部门。这种传感器不仅测量范围大，而且测量精度较

图 5-1 普通圆弧形深松铲

高，误差范围小（F_z 方向为 0.1% ~ 0.5%，F_y 方向为 0.1% ~ 0.5%，F_x 方向为 0.1% ~ 0.5%），非线性误差、重复性误差及相间干扰均较小。但这种传感器的输出信号较为微弱，一般不易显示和测量，因此需要与信号放大器一起使用，避免电荷流失而导致测量精度下降。

2. 拉力传感器

拉力传感器又叫电阻应变式传感器，是一种将物理信号转变为可测量的电信号并输出的装置。拉力传感器的工作原理是弹性体（弹性元件、敏感梁）在外力作用下产生弹性变形，而粘贴在其表面的电阻应变片（敏感元件）也随之变形，其阻值将发生变化，通过相应的测量电路将阻值的变化转换为电压或电流信号输出，从而实现将外力转换为电信号的过程。该传感器的性能指标主要包括线性误差、滞后误差、重复性误差、蠕变、零点温度特性及敏感温度特性等。

拉力传感器具有测量精度高、使用寿命长、结构简单、频响特性好等优点，因此其应用范围十分广泛；同时，它能够在恶劣环境下工作，易于实现小型化、整体化及品种多样化等。拉力传感器的缺点是在承受较大应力产生变形时具有较大的非线性，且输出信号较弱，需要采取一定的补偿措施（如采用放大电路）。

3. 应变式八角环测力仪

应变式八角环测力仪是采用八角环作为其弹性元件，并在其相应位置粘贴电阻应变片，再将应变片按照一定的方式连接成电桥。八角环弹性元件是由圆环演变而来，根据材料力学知识，对于一个有一定壁厚的圆环，在单向径向压力或拉力作用下，圆环将产生变形，但各处的变形形态有所不同，其中在与作用力夹角为39.6°的位置应变为零（见图5-2a），此处称为应变节点。而在与作用力垂直的中心线与环壁相交的两处位置的外表面（1和4位置）则承受拉应力（或压应力），而内表面（2和3位置）承受压应力（或拉应力），如图5-2b所示。

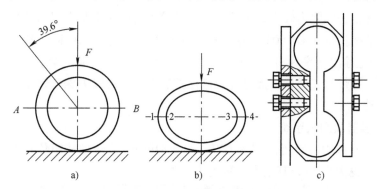

图5-2　八角环测力原理及结构

a）应变节点　b）厚壁环受力应变状态　c）八角环

在实际应用过程中，由于圆环不容易固定，因此通常采用八角环来代替（见图5-2c）。八角环在受到单向径向作用力时，其最大应变也出现在与作用力垂直的中心线位置。由于八角环的结构简单，加工制造费用低，可以进行多个方向力的测量，因而获得广泛应用。不过，与其他类型传感器相比，八角环的量程有限，测量精度不高，且被测力的分量之间的相互影响较大，同时，八角环上电阻应变片的粘贴方法和技术要求对其测量精度及性能有很大影响。

4. 转矩传感器

转矩传感器通常用来测量扭转力矩，但是有些转矩传感器还可以兼测轴向力和拉力，其工作原理是将扭力的物理变化转换为精确的电信号。该传感器采用应变桥电测技术，以微功耗耦合器替代环形变压器进行非接触信号传递，有效地克服电感耦合信号带来的高次谐波自干扰及能源环形变压器对信号环形变压器的互干扰；同时将输出尖脉冲变成等方波信号，因此可以长时间、高速运转。该传感器既可以用于静态测量也可用于动态测量，具有测量精度高、稳定性好、抗干扰性强、体积小、质量轻、易于安装等特点。该传感器应变弹性体强度大，可承受较大的载荷，因此，常被用于高载荷、大值域量的测量。

由于本次田间试验所测的深松铲阻力较大，同时要求数据采集及处理系统要简单，应具备便于组建和携带等特点，不宜采用输出信号微弱、强度不高，以及需要另外组建测试电路或使用放大器、信号转换装置的传感器。因此，本次田间试验采用转矩传感器进行深松铲耕作阻力的测量。

5.2 试验仪器及设备

1. 牵引机

由于深松耕作阻力较大，因此需要具备较大输出功率及牵引力的拖拉机作为动力。所选拖拉机为 CT 904 型拖拉机（生产商：长拖农业机械装备集团有限公司），其额定输出功率为 90 马力（1 马力 = 735.499W），额定牵引力为 20.8kN，四轮驱动，并带有二类后三点悬挂及液压控制系统，可以为深松铲工作系统提供连接及驱动。

2. 传感器及测试系统

本试验所选用转矩传感器为 CYB - 80S 型静止/旋转型转矩传感器及其信号采集系统（见图 5-3），其技术参数见表 5-1。

图 5-3　CYB - 80S 型静止/旋转型转矩传感器及其信号采集系统

表 5-1　传感器技术参数

技术指标	参数值
测量范围	$1 \sim 10000 \mathrm{N} \cdot \mathrm{m}$
激励电压	24V
转矩精度	$\pm 0.25\%$ F. S. / $\pm 0.5\%$ F. S.
转速精度	60 个脉冲/r
重复性误差	0.03% F. S.
直线度	0.04% F. S.
滞后	0.1% F. S.
灵敏度	1mV/V
适应温度	$-20 \sim 60\mathrm{℃}$
安装方式	台式、卡装式

本试验的信号采集系统采用农机动力学参数遥测仪。该系统的工作原理是,当传感器因受到外力产生变形时,变形产生的力信号被转换为电信号并传输给信号发射装置,信号发射装置再将电信号发射出去并被信号收集处理系统接收,经过一系列的转换和处理后再转换为力学信息,并在数据处理软件的界面上显示出来。该系统可对土壤耕作部件的三向力进行测量。

3. 作业系统连接及安装

深松铲安装在安装架上,安装架与拖拉机的连接方式采用拖拉机自带的三点后悬挂装置,同时后悬挂装置的液压调节系统可以对深松铲的耕深进行精确控制,保证深松铲在工作过程中耕深稳定。为了使深松铲在试验过程中装卸和更换方便快捷,深松铲与安装架采用安装套的连接方式进行紧固,铲柄从下方插入安装套并在侧面用紧定螺钉夹紧。

5.3　试验场地及土壤参数测量

深松铲田间试验选在吉林省长春市吉林农业大学的试验农田进行,深松方式是垄沟深松。试验场地为垄作后未经任何耕整作业的原状地块。田间试验前,对试验地块进行了区域划分及地表情况勘察,同时对土壤参数进行了测量。

5.3.1　试验区划分及土壤物理性状

在试验地块的两端各划定出 20m 作为设备调试及拖拉机的速度调节区,中间

50m 长的作业区域作为试验数据稳定的采集区，并每隔 10m 做一标记，以便试验时对拖拉机的前进速度进行检测。拖拉机进入试验地块后，在测试区域内利用液压系统调节深松铲的耕作深度达到试验预定值，并保持耕深稳定。同时，拖拉机匀速（试验预设值）前进，并尽量保持速度恒定。开启数据采集系统并调试，使其能够顺畅接收数据信号，并保证系统工作正常。深松铲耕作阻力测试系统如图 5-4 所示。

图 5-4　深松铲耕作阻力测试系统

　　本试验的土壤类型为典型的沙壤土，试验区土壤颗粒粒径分布和尺寸分布见表 5-2 和表 5-3。

表 5-2　试验区土壤颗粒粒径分布

颗粒直径/mm	颗粒名称	粒级质量/g		
		1	2	3
>1.0	极粗砂	0.20	0.30	0.30
>0.5~1.0	粗砂	1.40	0.70	0.90
>0.25~0.5	中砂	7.80	7.50	6.80
>0.10~0.25	细砂	112.41	102.21	100.31
>0.05~0.10	极细砂	42.78	35.89	29.26
>0.02~0.05	粗粉粒	17.81	30.95	35.64
>0.002~0.02	细粉粒	15.55	20.77	24.94
≤0.002	黏粒	2.04	1.69	1.88

表 5-3　试验区土壤颗粒尺寸分布

颗粒直径/mm	颗粒名称	土壤颗粒尺寸分布（质量分数,%）			
		1	2	3	平均值
>0.050~2.000	砂粒	82.30	73.29	68.79	74.79
>0.002~0.050	粉（砂）粒	16.68	25.86	30.28	24.27
≤0.002	黏粒	1.02	0.85	0.93	0.94

5.3.2　试验区土壤参数测量

1. 土壤坚实度

试验前分别在 0~100mm、100~200mm、200~300mm、300~400mm 的耕层深度内进行土壤坚实度的测量。所用仪器设备为 SZ－3 型土壤坚实度测量仪。每种耕层深度各取 10 个测试点进行测量，并取 10 次测量的平均值作为该层土壤坚实度值，测量方法与 4.4.2 小节相同，测得的试验区不同耕层深度的土壤坚实度见表 5-4。

表 5-4　试验区不同耕层深度的土壤坚实度

试验序号	土壤坚实度/kPa			
	0~100mm	100~200mm	200~300mm	300~400mm
1	1400	2140	2373	2300
2	1280	1690	2259	2360
3	1830	1980	2178	2040
4	1770	2310	2383	2380
5	1750	2030	2211	2280
6	1820	2130	2057	2610
7	1760	2100	2423	2540
8	1940	2250	2476	2840
9	1675	2670	2264	2940
10	1520	1870	2238	1950
平均值	1674	2117	2286	2424

2. 土壤含水量

试验前分别在 0～100mm、100～200mm、200～300mm、300～400mm 的耕层深度内取土壤样品，并进行土壤含水量的测量，测量方法及计算公式与 4.4.4 小节相同。测得的不同深度耕层土壤含水量见表 5-5。

表 5-5　不同深度耕层土壤含水量

土层深度/mm	湿土质量/g	干土质量/g	含水量（质量分数,%）
0～100	129.97	117.28	8.33
100～200	147.98	129.06	9.91
200～300	139.51	120.65	11.21
300～400	115.41	100.06	13.29

3. 土壤容重

分别在上述 4 个深度耕层取土壤样品，并带回试验室进行土壤容重的测定，其测量方法、步骤及计算公式与 4.4.3 小节相同。测得的不同深度耕层土壤容重见表 5-6。

表 5-6　不同深度耕层土壤容重

耕层深度/mm	0～100	100～200	200～300	300～400
土壤容重/(g/cm³)	1.11	1.19	1.22	1.31

5.4　田间深松试验

5.4.1　试验过程

试验前，将深松铲及其安装架悬挂在拖拉机的后三点悬挂系统上，并连接好传感器与信号发射装置。打开电源及数据采集系统界面，拉、压深松铲安装架，检查传感器及信号发射接收装置是否工作正常。开动拖拉机，带铲进地，开启测试系统，控制液压系统降下深松铲，并保持最大耕深（350mm）和前进速度（3.6km/h）进行预试验。预试验的主要目的是使测试系统及其拖拉机协调工作，同时利用钢直尺每隔 5m 测试耕深，利用秒表监测拖拉机的前进速度并保持稳定，检查耕作阻力最大值是否接近或超过传感器量程。上述步骤完成并检查无误后，开始进行正式试验。

首先开启深松铲阻力测试系统，保证传感器及信号系统工作正常。拖拉机进入试验区的 20m 调试区段，放下深松铲，开动拖拉机并保持试验设定的前进速度进行深松作业。利用三点悬挂液压系统调整耕深为试验设定值。当拖拉机进入 50m 测试区后，数据采集系统开始收集耕作阻力数据。在测试过程中，严格监测深松铲的耕深和拖拉机前进速度并尽量保持恒定。

本次试验为全面试验，共 8 组，每组试验重复 3 次，取 3 次的平均值作为每组试验的耕作阻力值。深松试验后，采集深松耕层土壤的纵剖面图像信息，为后续的土壤扰动形貌分析做准备。

5.4.2　耕作阻力试验结果及分析

田间深松试验获得两种类型深松铲在 8 组试验条件下的耕作阻力数据见表 5-7。由表 5-7 可以发现，对于同种类型的深松铲，随着耕深和前进速度的增加，耕作阻力随之增大；而在相同试验条件下，仿生减阻深松铲的耕作阻力均小于传统深松铲。

表 5-7　两种类型深松铲耕作阻力数据

试验序号	深松铲类型	耕作深度 d/mm	前进速度 v/(km/h)	平均耕作阻力/kN
1	仿生深松铲	250	2.0	2.6
2		250	3.6	4.2
3		350	2.0	5.1
4		350	3.6	5.4
5	传统深松铲	250	2.0	4.3
6		250	3.6	5.2
7		350	2.0	5.6
8		350	3.6	5.9

图 5-5 所示为传统深松铲分别在同一耕深条件下，前进速度 v 的变化对深松铲耕作阻力的影响。当耕深分别为 250mm 和 350mm，前进速度从 2.0m/s 增加到 3.6m/s 时，耕作阻力分别增加了 17.3% 和 5.1%。图 5-6 所示为传统深松铲在同一前进速度的试验条件下，耕深 d 的变化对深松铲耕作阻力的影响。当前进速度分别为 2.0km/h、3.6km/h，耕深从 250mm 增加到 350mm 时，耕作阻力分别增加了 23.2% 和 11.9%。

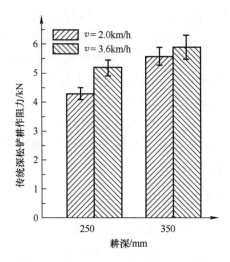

图 5-5　前进速度 v 对耕作阻力的影响

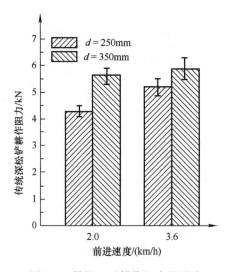

图 5-6　耕深 d 对耕作阻力的影响

图 5-7 所示为仿生减阻深松铲在两种耕深条件下，前进速度 v 的变化对耕作阻力的影响。根据仿生减阻深松铲的耕作阻力对比分析结果，当耕深分别为 250mm 和 350mm，前进速度从 2.0m/s 增加到 3.6m/s 时，耕作阻力分别增加了 38.1% 和 5.6%。

图 5-8 所示为仿生减阻深松铲在两种速度条件下，耕深 d 的变化对耕作阻力的影响。当前进速度分别为 2.0km/h 和 3.6km/h，耕深从 250mm 增加到 350mm 时，耕作阻力分别增加了 49% 和 11.8%。

对同一类型深松铲的耕作阻力对比分析结果发现，当深松铲在浅耕

（250mm）工作状态时，前进速度的变化对耕作阻力的影响要比深耕（350mm）时的耕作阻力影响显著；而当深松铲处于低速（2.0km/h）的工作状态时，耕深的变化对耕作阻力的影响比高速（3.6km/h）时的耕作阻力影响显著。

　　图 5-9 所示为两种深松铲在相同试验条件下的耕作阻力对比。由图 5-9 可以发现，在相同试验条件下，仿生减阻深松铲的耕作阻力均小于传统深松铲。在 $v = 2.0$km/h、$d = 250$mm，$v = 3.6$km/h、$d = 250$mm，$v = 2.0$km/h、$d = 350$mm，$v = 3.6$km/h、$d = 250$mm 四种试验条件下，仿生减阻深松铲与传统深松铲相比，耕作阻力分别减小了 39.5%、19.2%、8.9% 和 8.5%。

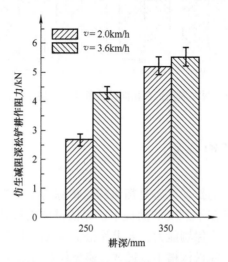

图 5-7　前进速度 v 对耕作阻力的影响

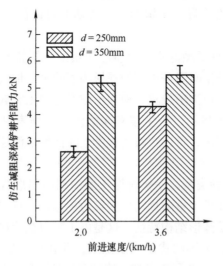

图 5-8　耕深 d 对耕作阻力的影响

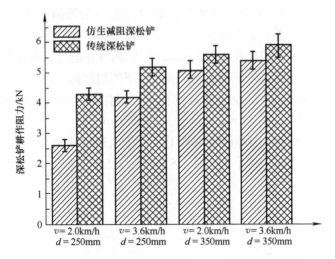

图 5-9　两种深松铲在相同试验条件下的耕作阻力对比

5.5　土壤扰动形貌分析

深松铲对耕层土壤的扰动状态是衡量深松铲综合工作性能的一项重要指标。对深松铲的农艺要求是在不翻土的前提下，保证耕层土壤具有良好的松碎程度，增加土壤的通透性和蓄水保墒能力；要求深松铲对表层土壤的扰动不宜过大，耕后土壤隆起不宜过高，深松沟槽不宜过宽，避免作业后土壤水分的过度蒸发。耕层土壤的宏观扰动形貌可以直观反映深松铲对耕层土壤的扰动状态。本次田间耕作试验对两种类型深松铲耕层土壤的宏观扰动形貌进行了对比分析，如图 5-10 和图 5-11 所示。

图 5-10 所示为两种类型深松铲对耕层土壤的表层扰动形貌对比分析。从对比的结果可以发现，仿生减阻深松铲的深松沟痕较窄，地表土壤隆起的土脊也较低；而传统深松铲的深松沟痕较宽，地表土壤隆起的土脊较高。耕层土壤的表层扰动形貌对比分析结果显示，仿生减阻深松铲对土壤表层的扰动低于传统深松铲。这种扰动作用的减小，可以在很大程度上降低耕后浅层土壤水分的蒸发并减少水土流失。

图 5-11 所示为两种类型深松铲耕层土壤横剖面的形貌对比分析。分析结果表明，两种深松铲对深松土壤的扰动形貌较为相似，即从地表到最底层的直缝区域均具有下宽上窄的纺锤形结构特征。这是由于铲刃在使耕作区域的土壤抬起再落下的过程中，对下层土壤的扰动大于上层，并在最下层形成类似"鼠道"的结构。这种"鼠道"结构有利于提高土壤的通透性，创造作物生长的有利条件。

图 5-10　两种类型深松铲对耕作区耕层土壤的表层扰动形貌对比分析
a）传统深松铲　b）仿生减阻深松铲

从图5-11中可以发现，传统深松铲深松后的直缝（见图5-11中的U形区域）较宽，而仿生减阻深松铲形成的直缝在深松铲经过后几乎被抬起又落下的土壤填满。这说明深松对耕层土壤的松碎效果较好，因此能够有效地降低耕后土壤深层水分的过度蒸发，提高了土壤的蓄水保墒能力。图5-11中两种类型深松铲对作业区域土壤整体扰动横剖面形貌，均具有上宽下窄的梯形结构。造成这种现象的原因主要是土壤的破坏先从铲刃位置开始，随着深松铲的前进，土体开始产生断裂现象，随着深松铲继续前进，断裂破坏层向两侧的斜上方延伸并最终形成了梯形的破坏形态（见图5-11中的梯形区域）。

a)

b)

图5-11　两种类型深松铲耕层土壤横剖面的形貌对比分析

a）传统深松铲　b）仿生减阻深松铲

5.6　小结

本章介绍的主要内容如下：

1）结合实际工况条件，制定了深松铲田间耕作试验方案，选定了两种前进速度（2.0km/h 和 3.6km/h）和两种耕深（250mm 和 350mm）。对仿生减阻深松铲与传统圆弧形深松铲进行了田间耕作阻力的测试，获得了不同试验条件下的深松铲耕作阻力数据。

2）对两种类型深松铲的耕作阻力进行了系统分析，结果发现，仿生减阻深松铲在全部试验条件下的耕作阻力均小于传统深松铲。深松铲的前进速度与耕深对深松铲的耕作阻力均具有显著影响。在低速（2.0km/h）作业条件下，耕深的变化对深松铲耕作阻力的影响比高速（3.6km/h）时显著；而浅耕（250mm）条件下，前进速度的变化对深松铲耕作阻力的影响比深耕（350mm）时更显著。

3）对两种类型深松铲耕作后的耕层土壤扰动形貌进行了分析。耕作区土壤横剖面的形貌特征表明，直缝区的形状大致相同，均具有上窄下宽的纺锤形结构，但仿生减阻深松铲的直缝比传统深松铲略窄，且几乎被耕后土壤填满。而两种类型深松铲的整体土壤扰动形貌基本相同，均呈上宽下窄的梯形结构。分析结果表明，仿生减阻深松铲耕后对表层土壤的扰动小于传统深松铲，耕后土层状态更能提高耕层土壤的蓄水保墒能力，创造对作物生长有利的条件。

参 考 文 献

[1] 苏栋，樊猛，王翔，等. 非规则颗粒形态表征与离散元模拟方法研究 [J]. 中国科学（技术科学），2023，53（11）：1847 – 1870.

[2] 高盼. 深松与秸秆覆盖还田对半干旱区土壤碳组分和玉米产量的影响 [J]. 黑龙江农业科学，2024（1）：7 – 11.

[3] 倪世鹏. 一种多功能玉米中耕施肥机的仿真分析 [J]. 新疆农机化，2023（6）：13 – 16.

[4] 李濛池，杨玉荣，黄修梅，等. 不同耕作方式与秸秆还田对黑土地影响的研究进展 [J]. 分子植物育种，2024，22（4）：1251 – 1258.

[5] 刘国平，李卫亮，许明海，等. 新疆喀什地区耕地保护性耕作技术推广研究 [J]. 耕作与栽培，2023，43（6）：93 – 94.

[6] 张银平，栾庆华，杜瑞成，等. 生态沃土机械化耕作技术与试验 [J]. 农业知识，2023（12）：44 – 47.

[7] 李丽，侯兴华，陈行政，等. 深松作业下多机协同任务分配优化方法 [J]. 农业工程学报，2023，39（21）：1 – 9.

[8] 王宝祥, 陈国辉. 深松机的作业质量优化及注意事项 [J]. 农机使用与维修, 2023 (12): 87 - 89.

[9] 胡明学. 整地机械对农田作物生长中的促进作用机理研究 [J]. 农机使用与维修, 2023 (12): 104 - 106.

[10] 梁法双. 农业保护性耕作机械特征及农机农艺融合发展探索 [J]. 农机使用与维修, 2023 (12): 110 - 112.

[11] 魏红艳. 农业保护性耕作机械及配套农艺技术特征 [J]. 农机使用与维修, 2023 (12): 74 - 76.

[12] 左明华. 黑土资源的可持续利用途径及配套农机技术 [J]. 农机使用与维修, 2023 (12): 67 - 69.

[13] 徐振豪, 周新贤, 王战洪, 等. 浅谈机械化深松整地存在的问题及应对方法 [J]. 农业机械, 2023 (12): 68 - 70.

[14] 赵月, 鲍雪莲, 梁超, 等. 压实对农田土壤特性的影响及应对措施 [J]. 土壤通报, 2023, 54 (6): 1457 - 1469.

[15] 田斌. 农业机械化保护性耕作技术应用现状与推广路径探究 [J]. 农业科技与信息, 2023 (11): 153 - 156.

[16] 苏虎生. 玉米保护性耕作及全程机械化种植技术要点 [J]. 世界热带农业信息, 2023 (11): 85 - 87.

[17] 陈伟, 曹光乔, 袁栋, 等. 农田耕整阻力测试方法现状及发展趋势 [J]. 中国农机化学报, 2023, 44 (11): 21 - 25.

[18] 温彬. 凿形深松全层施肥开沟铲的结构优化 [J]. 现代农业装备, 2023, 44 (5): 36 - 41.

[19] 谭新赞, 沈从举, 代亚猛, 等. 1SZL - 300 型振动深松整地联合作业机的研制 [J]. 新疆农业科学, 2023, 60 (10): 2566 - 2573.

[20] 杨涛, 凌宁, 李晓晓, 等. 基于 TRIZ 理论的果树深松施肥机创新设计 [J]. 中国农机化学报, 2023, 44 (10): 65 - 71.

[21] 卢洪宇. 整地机械作业对土壤结构的影响 [J]. 农机使用与维修, 2023 (10): 102 - 104, 108.

[22] 徐绍光, 王帮高. 花生田间生产机械化关键技术及装备应用 [J]. 农机科技推广, 2023 (9): 21 - 22.

[23] 费秀梅, 王艳春. 黑土地保护性耕作技术应用及推广 [J]. 新农业, 2023 (18): 88.

[24] 顾玲. 机械深松深耕技术在现代农业生产中的意义及推广路径 [J]. 河北农机, 2023 (18): 46 - 48.

[25] 杨怀君, 张鲁云, 李文春, 等. 耕整地机械发展现状与对策建议 [J]. 农业工程, 2023, 13 (9): 5 - 11.

[26] 白国瑞. 生物有机肥配合深松对农田土壤肥力和作物产量的影响 [J]. 基层农技推广, 2023, 11 (9): 46 - 48.

[27] 左胜甲，杜明昊，孔德刚，等. 气压深松参数对耕地渗透性影响规律试验研究 [J]. 灌溉排水学报，2023，42（10）：98 - 104.

[28] 王宏伟，温昌凯，刘孟楠，等. 拖拉机作业工况参数检测系统研究 [J]. 农业机械学报，2023，54（S2）：409 - 416.

[29] 耿洪彪. 机械化深松技术推广与应用探析 [J]. 农村实用技术，2023（9）：113 - 114.

[30] 王槐俊，王云德，刘孜文，等. 深松旋耕分层施肥机械优化与试验 [J]. 农机使用与维修，2023（9）：16 - 19.

[31] 陈宗宝. 农业机械在土地整理中的作用 [J]. 农业机械，2023（9）：73 - 75.

[32] 路云. 仿生储能 - 仿形深松装置设计与试验研究 [D]. 长春：吉林大学，2023.

[33] 韦永梁. 糖料蔗种植深耕深松技术分析 [J]. 种子科技，2023，41（16）：36 - 38.

[34] 王文丽，毕方淇，李志，等. 1MSD - 1.1 型残膜回收机关键部件设计与试验 [J]. 中国农机化学报，2023，44（8）：40 - 46.

[35] 高勇. 灭茬深松整地联合作业机的研究进展 [J]. 农机使用与维修，2023（8）：99 - 102.

[36] 李妍，马竞. 多功能深松整地机的控制系统设计 [J]. 集成电路应用，2023，40（8）：146 - 147.

[37] 高占文. 1SX - 3000 型深松机设计与试验研究 [J]. 农机化研究，2024，46（3）：105 - 109.

[38] 黄佳瑜，张大斌. 深松铲平面阻力测试系统的设计 [J]. 农业装备与车辆工程，2023，61（9）：52 - 55.

[39] 水存勋. 一种小型除草施肥机的设计 [J]. 南方农机，2023，54（16）：27 - 29，58.

[40] 庞国红. 农机深松整地作业监测系统的设计 [J]. 南方农机，2023，54（15）：166 - 168.

[41] 侯雪英. 玉米种植机械化保护性耕作技术模式探讨 [J]. 农村实用技术，2023（7）：90 - 91.

[42] 李梅. 新形势下农机深松整地技术的应用与推广 [J]. 农村实用技术，2023（7）：121 - 122.

[43] 高勇. 浅深松联合整地机械应用进展 [J]. 农机使用与维修，2023（7）：77 - 79.

[44] 黄伟华，刘信鹏，李华，等. 粪肥智能深施还田机的使用与维护保养 [J]. 农业机械，2023（7）：80 - 82.

[45] 齐智娟，李鹜，张忠学，等. 水土保持耕作对黑土玉米氮素利用与温室气体排放影响 [J]. 农业机械学报，2023，54（9）：365 - 373.

[46] 李松泽. 深松铲结构减阻设计及表面激光熔覆涂层耐磨性研究 [D]. 咸阳：西北农林科技大学，2023.

[47] 杨飞飞. 基于离散元法的秸茬覆盖土壤 - 带翼深松铲互作用机理研究 [D]. 咸阳：西北农林科技大学，2023.

[48] 张磊. 农机深耕深松旋耕作业对比试验 [J]. 农业技术与装备，2023（6）：33 - 36.

[49] 杨刚. 机械化深松技术推广与应用探析 [J]. 农业技术与装备，2023（6）：60 - 61，64.

[50] 陈邦兵. 农机深松整地技术的推广研究 [J]. 当代农机，2023（6）：33，36.

[51] 黄丽丽. 农机深松整地技术实施应用的探讨 [J]. 当代农机, 2023 (6): 47-48.

[52] 丁琪洵, 汪甜甜, 童童, 等. 深耕深松对土壤特性和作物产量影响研究进展 [J]. 江苏农业科学, 2023, 51 (12): 34-41.

[53] 张晓梅. 农机深松技术在农业生产中的应用研究 [J]. 中国农机监理, 2023 (6): 28-30.

[54] 左胜甲, 孔德刚, 李继成, 等. 气压深松犁底层裂隙扩展特性研究 [J]. 中国农机化学报, 2023, 44 (6): 192-195, 209.

[55] 赵鹏飞. 自激振动式深松机及关键部件设计 [J]. 农机使用与维修, 2023 (6): 26-28.

[56] 郑兆辉. 农业机械化保护性耕作技术推广要点研究 [J]. 河北农机, 2023 (11): 67-69.

[57] 钟晓康. 小麦条旋播种机种沟重构辅助镇压关键部件设计与试验 [D]. 淄博: 山东理工大学, 2023.

[58] 姜嘉胤. 基于离散元法的茶园仿生耕作刀具设计 [D]. 杭州: 浙江农林大学, 2023.

[59] 沈文忠, 张绪美, 李梅, 等. 机械化深耕深松技术在水稻上的应用效果初探 [J]. 上海农业科技, 2023 (3): 59-60, 127.

[60] 施润泽. 铁路除沙车仿生除沙铲设计及减阻耐磨分析 [D]. 石家庄: 石家庄铁道大学, 2023.

[61] 扈伟昊. 基于离散元法的立式旋耕作业分析与关键部件参数优化 [D]. 青岛: 青岛理工大学, 2023.

[62] 戈永乐. 大功率拖拉机振动深松机组减阻性能仿真分析与试验研究 [D]. 合肥: 安徽农业大学, 2023.

[63] 张永政. 砂质粘壤土环境下高压热气耦合深松减阻机理研究与试验 [D]. 合肥: 安徽农业大学, 2023.

[64] 王晨韬. 稻茬田粉碎旋埋联合作业机设计与试验 [D]. 武汉: 华中农业大学, 2023.

[65] 王小波. 基于离散元法仿生深松铲的设计与试验研究 [D]. 成都: 四川农业大学, 2023.

[66] 马艳荣. 农机化深松整地技术及注意事项分析 [J]. 农机市场, 2023 (5): 67-68.

[67] 徐子斌. 不同耕作方式对吉林黑土肥力的影响研究 [D]. 长春: 吉林农业大学, 2023.

[68] 陈朝阳. 仿生布利冈型结构磨料磨损和黏附特性研究及触土部件应用 [D]. 昆明: 昆明理工大学, 2023.

[69] 宋加乐. 玉米免耕播种机清茬深松分层施肥种床整备装置设计与试验 [D]. 合肥: 安徽农业大学, 2023.

[70] 韩志洋. 藏东南粗粒土级配及粒径对剪切性能影响研究 [D]. 林芝: 西藏农牧学院, 2023.

[71] 郭罗迪. 不同耕作措施对土壤有机碳、土壤结构及蓄水性能和作物生长的影响 [D]. 咸阳: 西北农林科技大学, 2023.

[72] 李吉成, 孙坤鹏, 张永华, 等. 基于离散元法的双翼深松铲耕作行为的仿真分析 [J]. 内蒙古农业大学学报 (自然科学版), 2023, 44 (2): 67-75.

[73] 张志军，高奕珏. 基于 SPH 算法的深松铲破坏土壤仿真模型 [J]. 计算机仿真，2023，40 (4)：290 - 294.

[74] 王红元. 振动深松机的设计与试验 [J]. 农机使用与维修，2023 (4)：15 - 17.

[75] 王荣浩. 紫色土坡耕地侵蚀耕层土壤质量变化特征与恢复途径 [D]. 重庆：西南大学，2023.

[76] 聂晨旭. 基于 DEM 的带翼深松铲设计优化及试验 [D]. 重庆：西南大学，2023.

[77] 李立卫国. 土石混合料的剪切特性尺寸效应研究 [D]. 重庆：重庆交通大学，2023.

[78] 翟宜彬. 基于离散元法的丘陵山地仿生深松机构设计与试验 [D]. 杭州：浙江理工大学，2023.

[79] 陈奕龙. 凿式犁铲结构参数对秸秆混埋的影响机制研究 [D]. 长春：吉林农业大学，2023.

[80] 张泽涵，程红胜，沈玉君，等. 注入式液体粪肥施肥铲设计及试验 [J]. 农机化研究，2023，45 (11)：161 - 168.

[81] 李吉成，孙坤鹏，张永华，等. 基于离散元法的凿形深松铲磨损行为的仿真分析 [J]. 安阳工学院学报，2023，22 (2)：34 - 40.

[82] 张金辉. 深松分层施肥工作装置设计 [J]. 农业科技与装备，2023 (2)：36 - 37.

[83] 孙坤鹏，李吉成. 深松参数对双翼深松铲耕作阻力影响的仿真分析 [J]. 安徽农业科学，2023，51 (6)：204 - 207.

[84] 胡科全. 1SGFB - 200 型整地机的设计 [J]. 农机使用与维修，2023 (3)：13 - 16.

[85] 蒋学峰. 块状婴幼儿奶粉压缩成型工艺研究及仿真模拟 [D]. 杭州：浙江科技学院，2022.

[86] 白洪波，胡军. 深松整地作业深度检测系统的设计 [J]. 南方农机，2022，53 (21)：46 - 48.

[87] 辛忠民，姜超，谢鸿芸. 农业田间试验结果的影响因素及对策 [J]. 现代农业科技，2022 (20)：25 - 28.

[88] 王晨平，王海礁. 1GZL - 350 深松联合整地机结构及安装调试与维护 [J]. 现代化农业，2022 (10)：94 - 96.

[89] 沙龙，胡军，刘昶希，等. 基于 JMatPro 的深松铲尖耐磨材料的设计与试验 [J]. 农机使用与维修，2022 (10)：16 - 18.

[90] 夏翊华，杨必成，李子嘉，等. 深耕对土壤重金属修复和理化性质影响的研究进展 [C] //中国环境科学学会. 中国环境科学学会 2022 年科学技术年会论文集 (二). 北京：中国环境出版社，2022.

[91] 闫海军. 农机化深松整地技术注意事项 [J]. 新农业，2022 (12)：75.

[92] 单宇茜. 不同土壤耕作技术对土壤理化性状及玉米产量的影响 [D]. 太原：山西农业大学，2022.

[93] 陈金楚. 基于 EDEM - Fluent 耦合的气爆松土效果仿真分析与试验 [D]. 扬州：扬州大学，2022.

[94] 尹志平. 基于鼹鼠爪趾结构仿生除草铲的设计与试验研究 [D]. 长春：吉林大学，2022.

[95] 马超. 东北玉米区深施肥带状耕作装置设计与试验 [D]. 北京：中国农业机械化科学研究院，2022.

[96] 苗佳峰. 除沙车仿生推沙板设计及减阻耐磨分析 [D]. 石家庄：石家庄铁道大学，2022.

[97] 李清超. 液压翻转犁犁壁减黏降阻优化设计与试验 [D]. 石河子：石河子大学，2022.

[98] 白晋. 农机深松作业智能监测系统 [D]. 太原：中北大学，2022.

[99] 王桂英. 对深松机机组油耗和牵引力的测试 [J]. 当代农机，2022 (5)：35-36.

[100] 全国农业机械标准化技术委员会. 振动深松机：GB/T 24676—2021 [S]. 北京：中国标准出版社，2021.

[101] 李明军，于家川，王仁兵，等. 液压强迫式振动深松单体作业参数优化与试验 [J]. 农机化研究，2022，44 (10)：97-107.

[102] 孙梦遥，徐岚俊，宫少俊，等. 农机深松整地作业远程监控技术示范应用与效果评价 [J]. 农业工程，2021，11 (12)：30-34.

[103] 李庆，王玉凤，张翼飞，等. 耕作方式对三江平原玉米土壤结构及产量的影响 [J]. 中国土壤与肥料，2021 (6)：95-103.

[104] 赵西哲，张瑞星，张二栓，等. 灭茬深松旋耕整地联合作业机机架有限元分析及优化 [J]. 河北农机，2021 (12)：8-9.

[105] 刘伟，丁强. 保护性耕作技术推广及应用 [J]. 现代农村科技，2021 (12)：53.

[106] 周凤春. 联合整地机生产作业优势与应用注意事项 [J]. 农机使用与维修，2021 (12)：81-82.

[107] 李亚丽，曹中华，湛小梅，等. 果园凿型铲式深松机优化设计与试验 [J]. 农业机械学报，2021，52 (S1)：19-25.

[108] 孟斌. 中耕深松起垄培土联合作业机的研制 [J]. 农业科技与装备，2021 (4)：37-38.

[109] 李忠祥，陈勇. 自动化农用机械深松整地作业技术的应用和探讨 [J]. 农业工程技术，2020，40 (36)：57-58.

[110] 孙士明，靳晓燕，庞爱国，等. 大型耕整播种机械节能增效机械化技术模式试验研究 [J]. 农机化研究，2021，43 (10)：110-114，120.

[111] 张斌，沈从举，李承明，等. 自激振动深松机关键部件仿真设计及试验 [J]. 农机化研究，2021，43 (10)：51-57，63.

[112] 张少钧，白聚德，张晓雷. 旋耕深松深耕土地耕整方式的适宜选择 [J]. 河北农机，2020 (12)：10-11.

[113] 李文浩. 农机深松整地技术的应用与推广 [J]. 农业开发与装备，2020 (11)：22-23.

[114] 孙作平. 探究玉米保护性耕作技术及相关机具应用 [J]. 种子科技，2020，38 (22)：139-140.

[115] 毛雷，王鹏飞，杨欣，等. 振动式果树根系断切装置设计与试验 [J]. 农业机械学报，

2020, 51 (S1): 281 - 291.

[116] 袁军, 于建群. 基于 DEM - MBD 耦合算法的自激振动深松机仿真分析 [J]. 农业机械学报, 2020, 51 (S1): 17 - 24.

[117] 丛聪, 王天舒, 岳龙凯, 等. 深松配施有机物料还田对黑土区坡耕地土壤物理性质的改良效应 [J]. 中国土壤与肥料, 2021 (3): 227 - 236.

[118] 郑侃, 刘国阳, 夏俊芳, 等. 振动技术在耕种收机械中的应用研究进展与展望 [J]. 江西农业大学学报, 2020, 42 (5): 1067 - 1077.

[119] 牛翰卿, 王晓莉, 王玉刚, 等. 热处理工艺对 ZG65Mn 深松铲组织和性能影响 [J]. 铸造技术, 2020, 41 (10): 910 - 912.

[120] 梁立荣. 论机械深松整地作业技术的应用与探讨 [J]. 农机使用与维修, 2020 (10): 144 - 145.

[121] 周子军. 农业机械化深松技术在北票地区的推广与应用 [J]. 现代农业, 2020 (10): 56.

[122] 郑引玲. 保护性耕作对土壤肥力的影响分析 [J]. 农机科技推广, 2020 (9): 39 - 41.

[123] 王向丽, 魏巍. 保护性耕作与有机旱作农业 [J]. 当代农机, 2020 (9): 77 - 79.

[124] 庞靖, 郑慧娜, 杜新武, 等. 深松土壤气压式孔隙度检测装置: CN201810208868.9 [P]. 2018 - 08 - 24.

[125] 赵举文, 李兴国, 张印生. 马铃薯动力深松机的设计研究 [J]. 现代化农业, 2020, (9): 70.

[126] 石金杉, 齐浩凯, 孙富才, 等. 深松防堵分层施肥铲优化设计与试验 [J]. 河北农业大学学报, 2020, 43 (5): 96 - 102.

[127] 赵淑红, 刘汉朋, 杨超, 等. 玉米秸秆还田交互式分层深松铲设计与离散元仿真 [J]. 农业机械学报, 2021, 52 (3): 75 - 87.

[128] 邹响文. 农机深松整地智能监测装备系统应用分析 [J]. 江苏农机化, 2019 (6): 26 - 28.

[129] 张吉营. 1SX - 2/3/5/7 系列深松整地机的试验研究 [J]. 农业科技与装备, 2019 (6): 19 - 20.

[130] 李敏通, 马甜, 刘志杰, 等. 深松铲工作载荷测试与载荷谱编制 [J]. 中国农机化学报, 2019, 40 (11): 1 - 8, 19.

[131] 陈德春. 中耕深松蓄水保墒技术 [J]. 新农业, 2019 (21): 19 - 20.

[132] 杨少奇, 张磊, 孟长伊, 等. 悬挂式深松机耕深监测系统的设计与试验 [J]. 价值工程, 2019, 38 (31): 246 - 247.

[133] 仇从宇. 农机深松整地技术探究及其推广应用 [J]. 农业开发与装备, 2019 (10): 149, 151.

[134] 李阳, 冯明大, 郭晓云, 等. 深松作业远程监测系统研究与应用 [J]. 农业工程, 2019, 9 (10): 32 - 37.

[135] 金慧芳, 史东梅, 宋鸽, 等. 红壤坡耕地耕层质量特征与障碍类型划分 [J]. 农业机

械学报，2019，50（12）：313－321，340.

[136] 王玉芹. 农机深松作业技术要点探讨［J］. 现代农业研究，2019（10）：146－147.

[137] 马阳，吴敏，王艳群，等. 不同耕作施肥方式对夏玉米氮素利用及土壤容重的影响［J］. 水土保持学报，2019，33（5）：171－176.

[138] 郑侃. 耕整机械土壤减黏脱附技术研究现状与展望［J］. 安徽农业大学学报，2019，46（4）：728－736.

[139] 张东光，左国标，佟金，等. 蚯蚓仿生注液沃土装置设计与试验［J］. 农业工程学报，2019，35（19）：29－36.

[140] 祁玲. 智能农机技术在有机旱作农业中的发展与应用［J］. 当代农机，2019（9）：61－63.

[141] 李健，郭颖杰，王景立. 苏打盐碱地深松铲阻力测量［J］. 吉林农业大学学报，2020，42（5）：587－590.

[142] 张富贵，孙效荷，吴雪梅，等. 小型自走式螺旋深耕机设计与研究［J］. 农机化研究，2020，42（5）：56－62.

[143] 赵天洛. 深松联合整地机结构设计［J］. 南方农机，2019，50（15）：55.

[144] 罗文华，肖宏儒，马方，等. 3ZFS－520型中耕深施肥机施肥铲仿真分析与试验［J］. 中国农机化学报，2019，40（8）：7－11.

[145] 姚强. 联合整地机的应用特点及使用注意事项［J］. 农机使用与维修，2019（8）：75.

[146] 杨艳丽，石磊，张兴茹. 机械化深耕深松技术应用及机具类型［J］. 农机使用与维修，2019（8）：102.

[147] 沈景新，焦伟，孙永佳，等. 1SZL－420型智能深松整地联合作业机的设计与试验［J］. 农机化研究，2020，42（2）：85－90.

[148] 殷剑江，李蓉，俞涌. 工作部件覆盖率对深松作业质量影响［J］. 农机科技推广，2017（4）：45－47.

第6章 深松铲土壤耕作过程离散元模拟分析

工农业生产中存在很多类型的散体物料（如粮食、沙粒、颗粒状药品、煤粉、土壤等）与机械部件的接触及作用过程，而对这种接触状态和过程的模拟分析多采用连续介质力学方法，其原理是将散体颗粒群体作为一个整体来考虑，而无法对其中每个颗粒的运动状态及颗粒之间的相互作用进行分析。如果将研究对象离散，并选择合适的接触模型和合理的算法进行分析，则很多问题就会迎刃而解，由此，离散单元法便应运而生。

在深松铲的工作过程中，耕层土壤的运动是一个复杂的过程，因此，土壤对铲体的作用阻力也较为复杂。土槽深松试验和田间深松试验是从宏观角度来研究土壤的运动状态对深松铲耕作阻力的影响，不能从微观层面对土壤和深松铲的相互作用所产生的耕作阻力的行为规律进行系统分析。土壤在微观状态下属于离散体，只有在团聚的状态下才体现出连续体的特征。因此，利用离散体模型对土壤的运动状态进行分析能够更接近真实的运动状况。

本章介绍的研究内容主要是从土壤颗粒与深松铲间的微观接触关系入手，对土壤颗粒的运动状态及其与深松铲的作用过程进行离散元模拟分析，探讨颗粒运动状态与深松铲耕作阻力之间的关系，揭示深松铲耕作阻力产生的微观机理，并对二者相互作用的应力场及速度场进行系统分析。

6.1 离散元法简介

离散元法（distinct element method，DEM）是一种处理非连续介质问题的数值模拟方法，其理论基础是根据不同的本构关系牛顿第二定律，并利用动态松弛法对方程进行求解。离散元法最初是由英国皇家工程院院士、美国人 Peter Cundall 于 1971 年在英国伦敦大学帝国学院攻读博士学位期间首次提出。离散元法最初被用来解决准静态或动态岩石边坡运动问题，当时在岩石力学、土力学及工程结构分析中都获得了广泛的应用。离散元法的基本思想是把离散颗粒群体简化成具有一定形状和质量的集合，同时赋予颗粒间接触或颗粒与边界间某种接触模型和接触参数，并考虑颗粒与颗粒、颗粒与边界之间的相互作用。1978 年，Maini 等人对原来的刚性体离散元接触模型进行了改进，考虑了岩块自身的变形，提出了可变形块体的通用程序（universal discrete element code，UDEC），并将其推广至岩石的破碎和爆炸的运动方面。同一时期，Cundall等人还开发了二维的圆块体（ball）程序，用于对颗粒介质的力学行为研究，获得的结果与后来Drescher等人用光弹技术所得到的试验结果一致，离散元法因此得到了众多研究人员的关注，这也为散体颗粒介质的本构关系研究开辟了新的途径。离散元法还可以与边界单元法和有限单元法耦合应用，这就为远场岩体为连续介质，近场为不连续介质问题的研究提供了解决方案，拓展了其应用范围。此外，离散元法还被用来对散体动力学和边坡运动稳定性进行研究。

Williams J R等人于1985年发表了题为"离散元的理论基础"的论文；日本的Kawai在离散元的基础上提出了固体力学分析新方法"刚体–弹簧元法（rigid element–spring method）"，并很好地解决了裂隙附近弹塑性应力场的非线性分析问题。

进入20世纪90年代以来，离散元法在国外得到了迅猛发展，此时离散元模拟软件大量涌现。例如，美国的ITASCA公司开发的基于不规则块状体的软件UDEC和3DEC，以及离散单元体为圆盘形和圆球形的PFC–2D和PFC–3D；岩土工程中的高级离散元力学分析软件FLAC2D和FLAC3D等。

我国的离散元法研究起步较晚，但后期发展较快。1986年，东北大学的王泳嘉教授在全国首届岩石力学数值计算及模型讨论会上向我国的岩石力学和工程界研究人员介绍了离散元的基本原理和几个应用实例。目前，我国的许多高校及科研院所均涉及离散元法的研究。离散元法的基本原理是将研究对象划分为单个独立单元体，并确定在任意一个时间步内所有单元体的受力和位移，同时更新所有单元体的位置。通过对每一个单元体的微观运动进行运算，即可得到整个离散群体的宏观运动规律。离散元法的计算前提是假设单元体间的相互作用是瞬时平衡的，若单元体内部的作用力达到平衡状态，即认为单元体处于平衡状态。在计算过程中须假设确定的时间步足够小，使得在一个时间步内，除了选定的单元体与目标单元体接触外，其他任意位置的单元体均没有进入接触状态。同时，规定任意时间步内速度和加速度都是恒定的，这也是离散元法使用的前提条件。根据以上假设可以得出以下结论：在任意时刻，目标单元体所受的作用力只取决于目标单元体本身及与之直接接触的单元体。离散元法的基本原理主要有两方面的意义：一是接触模型为力—位移关系，二是基于牛顿第二定律。接触模型是单元体接触力计算不可缺少的条件，而牛顿第二定律则被用来求解单元体的速度、加速度以及位移。由于离散元法是建立在牛顿第二定律和不同接触模型基础之上的，而且处理的研究对象和问题多种多样，因此，在求解过程中所采用的模型和求解方法也不尽相同。对于离散的颗粒群体，可以将单个个体简化为圆盘或圆球，而对于岩石块体则简化为多边形单元。

离散元法认为研究对象是足够多的离散单元，而每个离散体就是一个单元，根据整个计算过程中的每一时刻各单元体间的相互作用力求解出接触力，再利用牛顿第二定律求解单元体的运动参数（位移、速度、加速度），经反复迭代计算，最终实现对所有单元体的运动状态的求解。根据几何结构的不同，可将研究对象的单元分为两大类：颗粒和块体。相应地，求解方法也分为颗粒离散元法和块体离散元法，前者主要是针对颗粒状或粉状的研究对象，而后者则主要适用于岩石或不规则块体物料。两者之间的主要差别在于由结构特征引起的接触模型和求解、搜索及信息存储等方面的差异。而根据处理问题性质的不同，颗粒接触模型与其求解的方法也有所不同，模型有硬球模型和软球模型，这两种模型在计算效率和应用范围方面有所不同。硬球模型用来模拟库特流、剪切流中颗粒运动速度快的状况，假设颗粒之间的接触时间很短，当发生接触时，颗粒本身不会发生显著的变形，只考虑两个颗粒的碰撞问题，而无须计算与其他颗粒之间的碰撞。软球模型主要用来模拟两个或两个以上颗粒的碰撞，假设碰撞发生在一个时间段内，再利用牛顿第二定律，根据单元体之间的接触求解接触力。

目前，离散元法在农业工程领域的应用十分广泛，如粮食加工、农机播种作业、清选、触土部件与土壤的接触等。由于利用圆球作为土壤颗粒单元体参与计算时尺寸小、数量多，三维计算需要耗费大量的时间，同时对计算机的性能要求也特别高，因此，目前离散单元法的应用主要以二维为主，三维应用较少。本章介绍的研究工作主要是利用 PFC −2D 离散元模拟软件对深松铲与土壤的接触进行二维模拟分析，求解土壤颗粒的力学参数，并分析计算土壤颗粒与铲体的接触力。

6.2　离散元法模拟的一般流程

利用离散元法进行模拟分析时需要预先进行模型的选取、边界条件及参数的确定等，模拟分析流程如下。

1. 边界模型的建立

边界模型的建立是离散元分析必不可少的一个重要环节。离散元软件与很多三维建模软件兼容，因此可以采用多种建模软件创建边界模型并存入数据库以备后续分析调用。本节所用的离散元分析软件可以和 AutoCAD、Pro/E 等建模软件建立的边界模型兼容，因此利用 AutoCAD 和 Pro/E 创建的边界模型均可直接调入并参与模拟分析。

2. 接触力学模型的选择

利用离散元法进行模拟分析时，需要求解颗粒之间或颗粒与边界之间的接触作用力，进而利用牛顿第二定律计算接触力。因此，需要根据实际研究对象的属性及特征选取合适的接触力学模型，这也是离散元模拟分析的关键步骤。如果所选模型不能正确反映求解对象的接触关系或状态，则求得的结果就会失真。离散元分析模型的种类很多，如线性模型、非线性模型、耦合模型等。而对于土壤类的接触模型，根据含水量的不同可以分为干颗粒模型、湿颗粒模型等。

3. 接触力学模型参数确定

在选定了接触力学模型后，需要确定与上述模型相对应的具体参数（如刚度、阻尼、摩擦因数等），参数的选取对模拟结果起着至关重要的作用。由于离散元法是从微观角度进行接触单元的计算与求解，有些模型参数可以根据接触力学模型的实际性状直接测得，而有些参数则无法利用宏观的常规方法获得，只能利用离散元模拟方法确定。

4. 模拟分析

选择合适的离散元模拟分析软件很重要，这涉及分析对象的类别是否适合，以及模拟分析的效率问题。同时，还要根据实际问题和模型类别，选择合理的分析计算条件，如步长、颗粒的数量和尺寸等。

6.3 土壤物理参数确定

离散单元体的参数确定对模拟分析过程及结果至关重要，因此，模拟分析前需要确定对应模型的参数。由于本书是对土壤与深松铲的接触状态进行离散元模拟分析，土壤颗粒作为离散单元体参与计算求解，因此，需要对土壤的某些物理参数进行确定。

6.3.1 土壤密度

所选土壤为深松铲土槽试验时的耕层土壤。利用环刀取土、称重，并求得环刀的体积，利用质量与体积之比即可得到土壤的密度。由于在选取模型时考虑了土壤的含水量，因此，在测量土壤密度时，测得的是湿土壤的密度，具体测量方法如下。

选定取土点，取一已知质量的环刀并缓慢压入土壤，待土壤全部充满环刀后，利用小铁铲将周围的土壤挖去，小心地取出环刀，利用刮土刀切除两端的土壤，并擦净环刀壁。利用称量精度为 0.001g 的天平对环刀和土壤称重，并做好记录。在另外 4 处不同的取土点重复上述操作，并利用式 (6-1) 计算土壤的密度。

$$\rho = \frac{m_1 - m_0}{V} \times 100\% \tag{6-1}$$

式中　ρ——土壤密度（g/cm³）；

m_1——环刀与土壤总质量（g）；

m_0——环刀质量（g）；

V——环刀容积（cm^3）。

最终的土壤密度测量结果见表6-1。

表6-1　土壤密度测量结果

序号	1	2	3	4	5	平均值
土壤密度/(g/cm^3)	0.91	1.14	0.99	1.06	0.97	1.01

6.3.2　土壤坚实度

在4.4.2小节中已经介绍了对试验用土壤坚实度进行的测量过程，因此，本试验的土壤坚实度值采用表4-3列出的土壤坚实度结果（耕深为350mm）。

6.3.3　土壤内聚力和内摩擦角

1. 仪器设备

三轴压缩试验是现有测定土壤抗剪强度参数c（土壤内聚力）和φ（土壤内摩擦角）最有效的方法之一，在例行性试验或研究中应用较为广泛。三轴压缩试验所用设备为三轴剪切仪。本试验所用仪器为SJ–1A型三轴剪切仪，如图6-1所示。

图6-1　SJ–1A型三轴剪切仪

2. 三轴剪切试验的工作原理

在土壤的三轴剪切试验过程中，假设剪切破坏时轴向加载系统施加在土壤试样上的轴向压应力（又称偏应力）为 $\Delta\sigma_1$，故试样受到的最大主应力 $\sigma_1 = \sigma_3 + \Delta\sigma_1$，而最小主应力为 σ_3（见图 6-2a）。以法向应力 σ 为横轴，以剪切应力 τ 为纵轴，在横轴上以 $(\sigma_{1f} + \sigma_{3f})/2$ 为圆心，以 $(\sigma_{1f} - \sigma_{3f})/2$（带下标 f 的应力表示剪切破坏时的值）为半径，在坐标系内绘制出极限应力圆（见图 6-2b）。按照上述方法，用同一种试样（3~4个）分别在不同的围压 σ_3 条件下重复试验，可得到一组极限应力圆（见图 6-2c 中的圆 Ⅰ、Ⅱ 和 Ⅲ）。

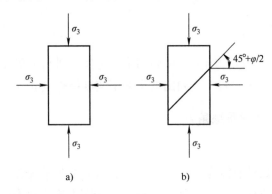

a)　　　　　　　　　　　b)

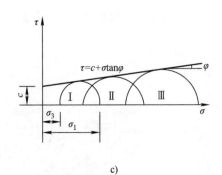

c)

图 6-2　三轴剪切试验的基本原理

a）最小主应力　b）剪切破坏　c）抗剪强度包络线

做出上述几个极限应力圆的公切线，则公切线在纵轴上的截距 c 即为试样的内聚力，公切线与水平线的夹角 φ 即为内摩擦角。根据库仑定律［见式（6-2）］，可求得抗剪强度指标数值（c、φ）。

$$\tau = c + \sigma\tan\varphi \tag{6-2}$$

式中　τ——抗剪强度（MPa）；

φ——内摩擦角（°）；

σ——法向应力（MPa）；

c——内聚力（MPa）。

3. 三轴剪切试验操作流程

三轴剪切试验的具体操作流程如下：

1）将试样制成圆柱体，上下两端垫滤纸并套在橡胶套内。将试样放在试验机密闭的压力室中，压力室固定好并注满水后，旋紧注水口螺栓。根据试验要求打开相关阀门。

2）向压力室内注入水压或气压（围压），使试样承受压力值为 σ_3 的围压，同时保持该围压在试验过程中恒定不变。

3）通过活塞杆对试样施加竖直向下的轴向压力，随着轴向压力的逐渐增大，试样最终因剪切而被破坏。

4. 三轴剪切试验方法

三轴剪切仪可以通过相应的管路和阀门使试样和密闭室分别形成各自的密闭系统，因此试验过程中试样的排水条件可自由控制。根据试样剪切前固结排水条件和剪切时的排水条件，三轴剪切试验可以分为以下三种方法。

（1）不固结不排水剪（UU）　试样被施加围压 σ_3 后，立即施加轴向压力 $\sigma_1 - \sigma_3$，直至剪切破坏。在整个试验过程中关闭排水阀，不允许排出试样中的水分，即在试验过程中不允许试样发生排水固结现象。因此，试样在试验全过程中的含水量始终保持不变。这种试验方法对应的实际工程条件等同于饱和软黏土中快速加载时的应力状态。这种试验方法在实施过程中可以兼测试样的孔隙压力。测得的抗剪强度指标用 c_u 和 φ_u 表示。

（2）固结不排水剪（CU）　先给试样施加围压 σ_3，同时打开排水阀，让其在这一恒定围压下充分排水固结，在确认试样已经固结后，关闭排水阀。施加轴向压力 $\sigma_1 - \sigma_3$，使试样在不排水条件下承受压力，直至剪切破坏，这一过程中可以测定孔隙压力。这种试验方法在工程上最为常用，其适合的工程条件主要是正常固结的土层在工程完工时或完工后受到大的快速载荷或新增载荷时所承受的应力状态。测得的抗剪强度指标用 c_{cu} 和 φ_{cu} 表示。

（3）固结排水剪（CD）　在施加围压 σ_3 和轴向压力 $\sigma_1 - \sigma_3$ 的全过程中，试样始终处于排水状态，试样中的孔隙压力始终处于消散状态或等于零。测得的抗剪强度指标用 c_d 和 φ_d 表示。

本试验中，试样的内聚力和内摩擦角的测定采用不固结不排水剪（UU）试验方法。

5. 抗剪强度指标（c_u、φ_u）的测定

本试验在吉林大学建设工程学院土工实验室内进行，所用仪器为 SJ - 1A 型三轴剪切仪（见图 6-1），试验过程中所需的其他工具包括：橡胶套、承膜筒、吸气囊、滤纸、橡皮筋、刻刀等。试验的具体操作流程如图 6-3 所示（按 a ~ h 的顺序进行操作）。

a)

b)

图 6-3　SJ - 1A 型三轴剪切试验操作流程

a）安装试样　b）安装压力室

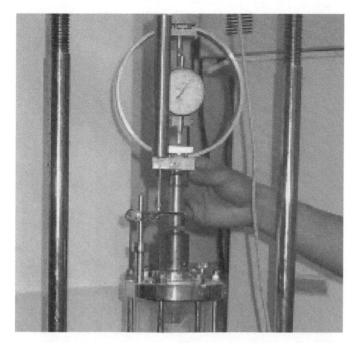

c)

d)

图 6-3　SJ - 1A 型三轴剪切试验操作流程（续）

c）调节应力环　d）压力室注水

e)

f)

图 6-3　SJ－1A 型三轴剪切试验操作流程（续）

e）关闭气阀　f）加围压

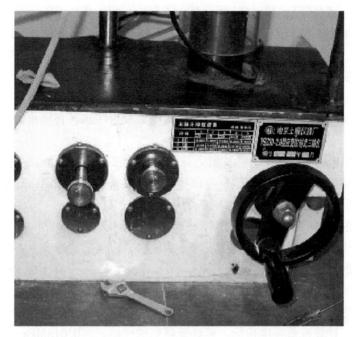

g)

h)

图6-3 SJ-1A型三轴剪切试验操作流程（续）

g）调速率、试验 h）读数记录

1）将事先制作完成的试样［圆柱体：ϕ（直径）$\times H$（高）$= 39mm \times 80mm$］放在压力室的底座上，按照从下往上的放置顺序依次放置不透水板、滤纸、试样、不透水试样帽。承膜筒内放置橡胶套，并用吸气囊吸气保证橡胶套紧贴在承膜筒内壁上，将橡胶套套在试样上，并将两端用橡皮筋扎紧。

2）将压力室顶杆提高，并装上压力室外罩，将压力室顶杆端头对准试样中心，均匀旋紧压力室外罩固定螺母。随后向压力室内注水，直至水溢出，旋紧排气孔栓塞。

3）调节应力环、顶杆端头及测力计顶杆，使三者轻微接触，并用手轮依次进行粗调、微调，直至测力计顶杆与试样帽中心紧密接触，将测力计指针调零。

4）关闭排水阀，打开围压水阀，为压力室施加围压。

5）根据实际情况设定加载速率，开始试验并记录数据。

三轴剪切试验完成后，以剪切应力 τ 为纵轴，以法向应力 σ 为横轴，以试样剪切破坏时的 $(\sigma_{1f} + \sigma_{3f})/2$ 为圆心，以 $(\sigma_{1f} - \sigma_{3f})/2$（带有下标 f 的应力为剪切破坏时的值）为半径，在 $\tau - \sigma$ 坐标系中绘制不同围压下的极限应力圆，按照同样的方法重复 3 次，获得 3 个极限应力圆。绘制 3 个极限应力圆的公切线，如图 6-4 所示，计算抗剪强度指标。经计算得到试样的 $c_u = 0.018MPa$，$\varphi_u = 15°$。

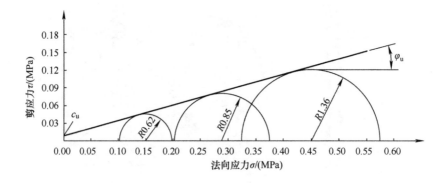

图 6-4　土壤抗剪强度包线

6.3.4　土壤弹性模量

土壤的弹性模量定义为其所受应力与该应力下产生的弹性应变之比，它是弹塑性本构模型计算应力应变时必不可少的力学参数指标。土体的应力应变关系是很复杂的弹塑性本构关系，当受到外加载荷作用时，既有弹性变形，也有塑性变形，而当载荷超过了土体的屈服极限后，土体的稳定性将受到破坏，而变形也只有塑性变形一种存在。根据以往的经验，当外加载荷小于 $7\sigma_f$ 时（σ_f 是破坏强度），土体处于稳定变形状态，此时可以通过一定应力值的反复加压和卸载将土体的弹性应变和塑性应变分离出来。在加载和卸载过程中，要快速加载，否则土体将产生流变。随着加载、卸载次数的增加，滞回圈的面积变得越来越小，土体接近完全弹性变形（见图6-5），并依据式（6-3）计算出土体的弹性模量值。

$$E = \frac{\Delta P}{\dfrac{\Delta h_e}{h_e}} \tag{6-3}$$

式中　E——土体弹性模量（MPa）；

　　ΔP——轴向载荷（MPa）；

　　Δh_e——土体弹性变形量（mm）；

　　h_e——试样固结后高度（mm）。

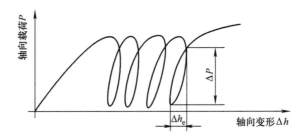

图6-5　重复加载、卸载与轴向变形关系曲线

本次试验所用仪器设备为 JS - 1A 型三轴剪切仪，试验过程中关闭排水阀，反复加载、卸载4次，每次加载时间间隔为1min，测量最后一个滞回圈的弹性应变，并利用式（6-2）计算土壤的弹性模量。试验结束后，经计算，土壤试样的弹性模量为 $E = 2.25\text{MPa}$。

6.4　深松铲-土壤接触离散元模拟

6.4.1　接触力学模型

土壤是典型的颗粒状离散体，而土体是由土壤颗粒团聚而生成的集合，当受到外力作用时，土体内部的黏聚力受到破坏，从而导致土体破碎失效。根据土壤自身不同的物理特性，适合模拟土壤本构关系的力学模型也较多。在进行模拟前需要对土壤颗粒的模型进行简化，一般将土壤颗粒简化为二维的圆盘形和三维的圆球形，但三维的圆球形在模拟计算时需要耗费大量的计算资源，特别是对于颗粒数量较多、接触较为复杂的状态。根据土壤颗粒间的接触状态，即两颗粒间的法向 – 切向接触力的类型，土壤模型可以分为干颗粒模型和湿颗粒模型，且颗粒间的接触力也因颗粒自身性质的不同而有较大差异。对于干土壤或含水量较低的土壤，颗粒间的作用力为黏结力，而对于含水量较高的土壤，颗粒间的作用力为液桥力。图 6-6 所示为两种典型的土壤接触力学模型，其中 F^c 为合力，F_n^c 为法向力，F_s^c 为切向力。

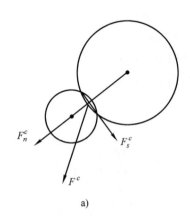

a)

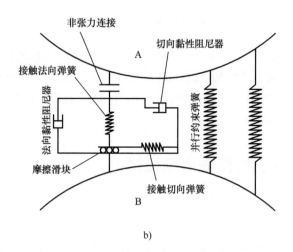

b)

图 6-6　典型的土壤颗粒接触模型

a）线性接触模型　b）非线性接触模型

此外，根据分析颗粒性质的不同，还有一些其他的接触力学模型，如考虑了含水量的线性黏弹性力学模型、赫兹力学模型、基于多刚体的力学模型、边界耦合模型等。本节的研究选用线性接触刚度力学模型。

6.4.2　土壤细观参数

离散元模拟过程是通过微观尺度的颗粒与颗粒之间或颗粒与边界之间的接触来反映研究对象在宏观尺度上的力学状态。每种接触力学模型都会有与之相对应的细观参数，一旦接触力学模型确定，与之相对应的细观参数的选择将直接决定模拟结果的正确与否，甚至决定模拟的成败。有些参数可以直接测得，而有些参数不能通过宏观试验直接获得，因此，需要利用离散元模拟试验具体确定。

利用离散元法模拟双轴试验或三轴试验是确定颗粒接触力学模型细观参数的有效手段之一。由于土壤颗粒尺寸较小、数量多、接触复杂，因此离散元模拟三轴试验需要耗费大量的计算资源。而模拟双轴试验也能达到确定细观参数的目的，因此双轴模拟试验应用较为广泛。离散元模拟双轴试验的原理是利用上下两个边界来模拟轴向载荷，而左右两个边界则模拟围压。在模拟过程中，左右两个边界被赋予一定的速度，以保证围压恒定；而上下两个边界则被赋予另一个速度模拟载荷。本次双轴模拟试验的土壤颗粒尺寸设置为 0.5 ~ 1.5mm，颗粒数量为5000 个，步长为 1×10^{-5} s。模拟试验后，得到的土壤颗粒细观参数见表 6-2。

表 6-2　土壤颗粒细观参数

细观参数	法向刚度/ （N/m）	切向刚度/ （N/m）	法向阻尼	切向阻尼	摩擦因数	颗粒尺寸/ mm	步长/s
参数值	2.5×10^5	1.0×10^5	0.82	0.64	0.25	0.5 – 1.5	10^{-5}

6.4.3　深松铲－土壤接触离散元模拟结果

本次离散元模拟分析采用两种类型的深松铲（仿生指数函数曲线型和抛物线型），所用分析软件为 PFC – 2D 离散元模拟软件。将之前用 AutoCAD 创建的深松铲边界模型调入，并设置好前节得到的模型参数。土壤接触模型颗粒数为 36000个，颗粒尺寸为 0.5 ~ 1.5mm，步长为 10^{-5} s，深松铲的入土深度为 350mm，前进速度为 0.5m/s。模拟试验后，获得了深松铲－土壤模型的接触状态（见图 6-7）和颗粒内部应力场分布（见图 6-8）及速度场分布（见图 6-9）。

图 6-7 所示为两种类型深松铲模型与土壤颗粒模型、土壤颗粒与颗粒之间的接触状态，可以发现，抛物线型深松铲的前端土壤颗粒堆积现象比较严重，而仿生指数函数曲线型深松铲的前端土壤颗粒堆积相对比较轻微，由此表明，仿生指

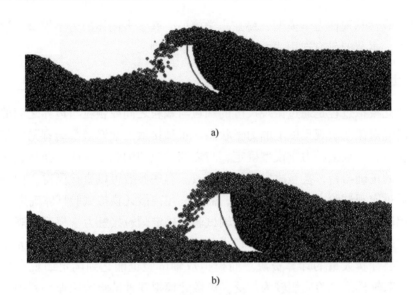

a)

b)

图 6-7 深松铲与土壤颗粒接触状态

a）仿生指数函数曲线型深松铲与土壤颗粒接触状态

b）抛物线型深松铲与土壤颗粒接触状态

数函数曲线型深松铲对土壤的扰动较小，因此产生的耕作阻力可能小于抛物线型深松铲。

图 6-8 所示的分别为仿生指数函数曲线型深松铲和抛物线型深松铲与土壤颗粒接触的应力场分布状态。黑色线条的宽度（浓密程度）代表作用力的大小，线条延伸方向代表作用力的变化趋势。应力场中的线条越宽，则表明深松铲和土壤的接触力越大，在实际耕作过程中主要表现为深松铲剪切土壤的阻力大。仿生指数函数曲线型深松铲与土壤的作用力从破土刃口向上均匀变小，且方向基本一致；而抛物线型深松铲与土壤的作用力虽然具有和仿生指数函数曲线型深松铲相似的变化趋势，但变化并不均匀，因此，会增大对土壤的扰动。从两种类型深松铲的接触应力场分布可以看出，深松铲与土壤的接触应力主要位于破土刃口附近区域，而铲刃下部的接触应力场较小，说明二者之间的作用力小。抛物线型深松铲的接触应力场分布线条比仿生指数函数曲线型的浓密，说明在相同条件下，仿生指数函数曲线型深松铲的接触应力小于抛物线型深松铲，因此，在实际的耕作过程中，仿生指数函数曲线型深松铲的耕作阻力会小于抛物线型深松铲，这一结果与深松试验得到的耕作阻力试验结果一致。

图 6-9 所示为仿生指数函数曲线型深松铲和抛物线型深松铲与土壤颗粒接触的速度场分布。为了能够更加清楚地展现场强的分布状态，将两种深松铲的破土

a)

b)

图6-8　深松铲与土壤颗粒接触应力场分布
a）仿生指数函数曲线型深松铲与土壤颗粒接触应力场
b）抛物线型深松铲与土壤颗粒接触应力场

刃口附近区域放大8倍。场强中的箭头指向表示颗粒的运动方向，箭头的长短表示土壤颗粒速率的大小。两种速度场中的颗粒速度均有向前和向上的变化趋势，但抛物线型深松铲接触速度场的颗粒速度变化更加杂乱无章，这种结果说明抛物线型深松铲对土壤的扰动较大。仿生指数函数曲线型深松铲破土刃口附近区域的土壤颗粒速度矢量线条更短，说明仿生指数函数曲线型深松铲的速度场场强明显小于抛物线型深松铲。土壤颗粒速度越小，其与深松铲接触时产生的冲量就越小，这样就会使深松铲的耕作阻力减小。而且，根据速度场和应力场的分布情况，接触应力主要集中于深松铲破土刃口区域附近，说明深松铲在工作过程中的耕作阻力主要由铲柄破土刃口与土壤接触而产生。因此，可以将破土刃口参数和形状的优化设计作为降低深松铲耕作阻力的研究重点。两种深松铲的深松试验和离散元模拟结果均表明，仿生指数函数曲线型减阻深松铲破土刃口的仿生设计能够有效地降低深松铲的耕作阻力。

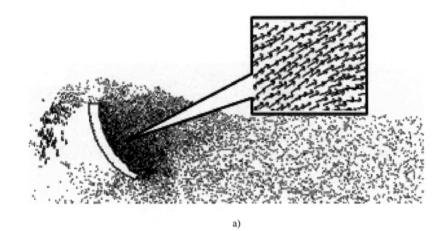

a)

b)

图 6-9   深松铲与土壤颗粒接触速度场分布
a）仿生指数函数曲线型深松铲与土壤颗粒接触速度场
b）抛物线型深松铲与土壤颗粒接触速度场

6.5   小结

本章介绍的主要内容如下：

1）利用三轴剪切试验对土壤密度、坚实度、内聚力、内摩擦角等宏观物理参数进行了测量。

2）利用 AutoCAD 建模软件建立了离散元模拟分析的边界模型；利用 PFC -

2D 离散元模拟软件建立了土壤颗粒模型。利用土壤模拟双轴试验确定了离散元模拟所需的土壤细观参数。

3）在耕深为 350mm，前进速度为 0.5m/s 的条件下，利用 PFC - 2D 离散元模拟软件对仿生指数函数曲线型深松铲、抛物线型深松铲进行了离散元模拟分析，获得深松铲 - 土壤颗粒接触的内部应力场分布和速度场分布。

4）分析了深松铲 - 土壤颗粒接触的速度场和应力场强度与实际深松铲耕作阻力之间的关系。结果表明，抛物线型深松铲的速度场和应力场的场强均大于仿生指数函数曲线型深松铲，这也从微观角度证明仿生指数函数曲线型深松铲具有显著的减阻效果。这一分析结果与土槽试验和田间试验的结果基本一致。

参 考 文 献

[1] 苏栋，樊猛，王翔，等. 非规则颗粒形态表征与离散元模拟方法研究 [J]. 中国科学（技术科学），2023，53（11）：1847 - 1870.

[2] 李楠，马丹，张吉雄，等. 断层带破碎岩体采动剪切变形与渗透性演化规律 [J]. 煤田地质与勘探，2023，51（8）：150 - 160.

[3] 李尧，董星，陈厚先，等. 活动门试验中土体变形及破坏规律 [J]. 山东大学学报（工学版），2023，53（5）：92 - 102.

[4] 郑瑞，李峥，康楠. 基于离散元法的纤维改良黄土力学性能研究 [J]. 工程勘察，2023，51（8）：5 - 10.

[5] 陆泌锋，曾祥颖，黎江宏. 高陡临空面附近地下采空区覆岩破坏响应研究 [J]. 贵州地质，2023，40（2）：153 - 158.

[6] 孔祥东. 生物炭基肥混施装置的设计与试验研究 [D]. 武汉：华中农业大学，2023.

[7] 牛智有，江善晨，孔宪锐，等. 膨化颗粒饲料碰撞破碎特性分析与离散元模拟仿真 [J]. 农业机械学报，2023，54（8）：371 - 380.

[8] 刘占新. 自走式人参播种机的设计与试验研究 [D]. 长春：吉林农业大学，2023.

[9] 韩志洋. 藏东南粗粒土级配及粒径对剪切性能影响研究 [D]. 林芝：西藏农牧学院，2023.

[10] 付舟. 基于离散元模拟的黄土溃散破坏机理研究 [D]. 兰州：兰州大学，2023.

[11] 谢艺东，朱玉清，侯德军，等. 沙土中刚性短桩水平极限承载力的离散元模拟分析 [J]. 建筑技术开发，2022，49（23）：9 - 12.

[12] 叶斌，宋思聪，倪雪倩. 制样方法对沙土液化力学性质影响的离散元模拟 [J]. 同济大学学报（自然科学版），2022，50（7）：998 - 1008.

[13] 谢文影. 微晶纤维素的物理表征及离散元仿真模拟 [D]. 重庆：重庆科技学院，2022.

[14] 刘宇. 基于玉米粮食颗粒破碎效应的筒仓卸粮细观机理研究 [D]. 郑州：河南工业大学，2022.

[15] 何兵. 基于透明土的成层土中 CPT 贯入机理及土层划分方法研究 [D]. 重庆：重庆大

学，2022.

[16] 张凯，杨松. 基于离散元模拟的草本植物根系分布对黏土抗剪强度的影响研究 [J]. 草原与草坪，2022，42 (2)：59－66.

[17] 牛圳. 冻融土－随机起伏结构接触面剪切力学特性研究 [D]. 北京：中国矿业大学，2022.

[18] 吴远亮，徐宇冉，姬静，等. 考虑颗粒破碎的粗粒土一维压缩试验离散元模拟 [J]. 广东土木与建筑，2022，29 (3)：4－7.

[19] 马迪，关晓迪，魏欢欢等. 基于离散元法的黄土颗粒间强度离散研究 [J]. 工程勘察，2022，50 (6)：8－12，19.

[20] 申嘉伟，周博，张星，等. MICP对钙质砂单颗粒的破碎行为影响研究 [J]. 高校地质学报，2021，27 (6)：655－661.

[21] 赵洲，宋晶，刘锐鸿，等. 各向异性对软土力学特性影响的离散元模拟 [J]. 水文地质工程地质，2021，48 (2)：70－77.

[22] 田彦歌. 小麦强度与变形特性的三轴试验离散元模拟 [D]. 郑州：河南工业大学，2020.

[23] 冯永，潘樊，刘杰. 基于改进颗粒模型的筒仓卸粮宏细观力学响应模拟研究 [J]. 中国粮油学报，2020，35 (9)：103－110.

[24] 巩林贤. 季冻区草炭土细观结构及其力学特性研究 [D]. 长春：吉林大学，2020.

[25] 恽晴飞. 冻结沙土颗粒尺寸对长期强度的影响研究 [D]. 兰州：兰州大学，2020.

[26] 侯加林，王后新，牛子孺，等. 大蒜取种装置取种清种性能离散元模拟与试验 [J]. 农业工程学报，2019，35 (24)：48－57.

[27] 程旷. 基于离散元的渗流致断级配土颗粒运移数值分析方法研究 [D]. 大连：大连理工大学，2019.

[28] 汤盼盼，王应芬，林蜀云. 贵州山地农机安全生产隐患分析及对策 [J]. 贵州农机化，2023 (4)：4－6，10.

[29] 陈秀丽. 农业机械对土壤质量的影响及其环境效应分析 [J]. 南方农机，2024，55 (1)：79－81.

[30] 朱德生. 现代加工技术在农业机械制造中的应用分析 [J]. 农机使用与维修，2023 (12)：38－40.

[31] 焦永红，李俊. 农业机械自动化控制技术分析 [J]. 时代汽车，2023 (23)：22－24.

[32] 连国党，马丽娜，封伟，等. 食葵籽粒双层振动风筛式清选装置设计与试验 [J]. 农业工程学报，2023，39 (20)：55－65.

[33] 李俊伟，顾天龙，李祥雨，等. 黏重黑土条件下马铃薯挖掘铲仿生减阻特性分析与试验 [J]. 农业工程学报，2023，39 (20)：1－9.

[34] 汪萌生，姜永标. 农业机械工程测试技术课程实践教学方法研究 [J]. 江苏农机化，2023 (6)：45－48.

[35] 邬可令. 液压机械传动控制系统在农业机械设计制造中的应用 [J]. 农业开发与装备，

2023 (11): 42 – 44.

[36] 田雨琪, 付亚萍, 牛佩海, 等. 离散元法在农业机械中应用的研究现状和发展趋势 [J]. 农业技术与装备, 2023 (11): 110 – 111, 114.

[37] 任桔. 机电一体化在小型三行轮式玉米收获机设计仿真中的应用 [J]. 农业技术与装备, 2023 (11): 25 – 27.

[38] 王立宗, 廖庆喜, 李蒙良, 等. 油菜高速免耕直播机驱动型开畦沟装置设计与试验 [J]. 农业工程学报, 2023, 39 (19): 15 – 26.

[39] 刘天湖, 程一丰, 李加仪, 等. 拨杆喂入式菠萝采收机构设计与试验 [J]. 农业工程学报, 2023, 39 (19): 27 – 38.

[40] 王洪国, 曹健. 对农业机械标准化发展的研究 [J]. 农场经济管理, 2023 (11): 18 – 20.

[41] 刘禹博. 农业机械自动化作业系统集成技术与设计 [J]. 农机使用与维修, 2023 (11): 19 – 23.

[42] 韩蕾, 刘新柱. 马铃薯收获机挖掘铲优化设计 [J]. 机械工程师, 2023 (11): 67 – 68, 71.

[43] 陈建能, 张晓威, 刘林敏, 等. 夹茎式非圆齿轮玉米钵苗移栽机构设计与试验 [J]. 农业工程学报, 2023, 39 (18): 30 – 40.

[44] 郭斌, 李娜. PLC 自动化技术在农业机械电气控制中的应用 [J]. 南方农机, 2023, 54 (22): 141 – 143.

[45] CUNDALL P. A. A computer model for simulating progressive large scale movements in blocky system [J]. Proc. int. symp. on Rock Fracture, 1971, 1: 11 – 18.

[46] CUNDALL P A, STRACK O D L. A discrete numerical method for granular assemblies [J]. Geotechnique, 1979, 29 (1): 47 – 65.

[47] MAINI T, CUNDALL P A. A computer modeling of jointed rock mass [R]. 1978, 404.

[48] CUNDALL P A. Ball—a program to model granular media using the distinct element method [M]. London: Dames & Moore Advanced Technology Group, 1978.

[49] STRACK O D L, CUNDALL P A. The distinct element method as a tool for research in granular media [M]. Minnesota: Department of Civil and Mineral Engineering, Institute of technology, University of Minnesota, 1978.

[50] LEMOS J V. A hybrid distinct element computational model for the half – plane [D]. Minnesota: University of Minnesota, 1983.

[51] LORIG L T. A hybrid computational model for excavation and support design in jointed media [D]. Minnesota: University of Minnesota, 1984.

[52] LORIG L T, BRADY B H G, CUNDALL P A. Hybrid distinct element – boundary element analysis of jointed rock [J]. International Journal of Rock Mechanics and Mining Science & Geomechanics Abstracts, 1996, 23 (4): 303 – 312.

[53] ZHAO YANG, SUN XIAOXIA, MENG WENJUN. Research on the axial velocity of the raw coal particles in vertical screw conveyor by using the discrete element method [J]. Journal of

Mechanical Science and Technology, 2021, 35 (6): 2551 – 2560.

[54] KAWAI T. New discrete models and their application to seismic response analysis of structures [J]. Nuclear Engineering and Design, 1978, 48 (1): 207 – 229.

[55] 潘勇, 韩琳琳, 吴龙科. 基于 UDEC 的边坡开挖稳定性数值模拟分析 [J]. 西部交通科技, 2023 (5): 30 – 34.

[56] 张光福, 何世明, 汤明, 等. 基于 3DEC 离散元的煤层井壁稳定性 [J]. 科学技术与工程, 2020, 20 (4): 1367 – 1373.

[57] 于福鑫. 基于 PFC2D 黏性土与混凝土接触面剪切试验研究 [J]. 成都航空职业技术学院学报, 2023, 39 (4): 56 – 60.

[58] 孙超, 吴多聪, 郭浩天. 基于 PFC3D 的粉质黏土三轴压缩破坏过程分析 [J]. 低温建筑技术, 2024, 46 (3): 131 – 137.

[59] WANG C, TANNANT D D, LILLY P A. Numerical analysis of the stability of heavily jointed rock slopes using PFC – 2D [J]. International Journal of Rock Mechanics and Mining Sciences, 2003, 40 (3): 415 – 424.

[60] 王泳嘉. 离散单元法———一种适用于节理岩石力学分析的数值方法 [C]//中国岩石力学与工程学会岩石力学数值计算及模型试验专业委员会. 第一届全国岩石力学数值计算及模型试验讨论会文集. 成都: 西南交通大学出版社, 1986: 32 – 37.

[61] 中华人民共和国水利部. 土工试验方法标准: GB/T 50123—2019 [S]. 北京: 中国计划出版社, 2019.

[62] 南京水利科学研究院. 土工测试规程 (SL237 – 1999) [M]. 北京: 中国水利水电出版社, 1999.

[63] 杨光, 田湛良. 土的弹性模量测试方法的研究 [J]. 城市道桥与防洪, 2006 (5): 145 – 147.

[64] 黄文熙. 土的工程性质 [M]. 北京: 水利电力出版社, 1983.

[65] 张锐, 李建桥, 周长海, 等. 推土板表面形态对土壤动态行为影响的离散元模拟 [J]. 农业工程学报, 2007, 23 (9): 13 – 19.

[66] 张锐, 李建桥, 许述财, 等. 推土板切土角对干土壤动态行为影响的离散元模拟 [J]. 吉林大学学报 (工学版), 2007, 37 (4): 822 – 827.

[67] 李吉成, 孙坤鹏, 张永华, 等. 基于离散元法的凿形深松铲磨损行为的仿真分析 [J]. 安阳工学院学报, 2023, 22 (2): 34 – 40.

[68] 张金辉. 深松分层施肥工作装置设计 [J]. 农业科技与装备, 2023 (2): 36 – 37.

[69] 孙坤鹏, 李吉成. 深松参数对双翼深松铲耕作阻力影响的仿真分析 [J]. 安徽农业科学, 2023, 51 (6): 204 – 207.

[70] 胡科全. 1SGFB – 200 型整地机的设计 [J]. 农机使用与维修, 2023 (3): 13 – 16.

[71] 奚邦禄, 蒋明镜, 张振华, 等. 高内摩擦角土体承载力特性形状效应分析 [J]. 水利与建筑工程学报, 2023, 21 (1): 117 – 123.

[72] 蒋学峰. 块状婴幼儿奶粉压缩成型工艺研究及仿真模拟 [D]. 杭州: 浙江科技学院, 2022.

[73] 白洪波，胡军. 深松整地作业深度检测系统的设计 [J]. 南方农机，2022，53 (21)：46－48.

[74] 辛忠民，姜超，谢鸿芸. 农业田间试验结果的影响因素及对策 [J]. 现代农业科技，2022 (20)：25－28.

[75] 王晨平，王海礁. 1GZL－350 深松联合整地机结构及安装调试与维护 [J]. 现代化农业，2022 (10)：94－96.

[76] 赵鹏飞，迟世春，王晋伟. 粗粒土颗粒多点接触下的破碎准则研究 [J]. 水利与建筑工程学报，2022，20 (5)：17－23.

[77] 沙龙，胡军，刘昶希，等. 基于 JMatPro 的深松铲尖耐磨材料的设计与试验 [J]. 农机使用与维修，2022 (10)：16－18.

[78] 姜明冬. 多种应力路径下沙土宏细观力学特性及临界状态分析 [D]. 杭州：浙江大学，2022.

[79] 陈晨，马学东，刘飞宇，等. 偏心摆振下圆簸箕中谷物分离的离散元模拟研究 [J]. 农机化研究，2023，45 (5)：13－19.

[80] 夏翊华，杨必成，李子嘉，等. 深耕对土壤重金属修复和理化性质影响的研究进展 [C] // 中国环境科学学会. 中国环境科学学会 2022 年科学技术年会论文集 (二). 北京：中国环境出版社，2022：6.

[81] 李尧，李嘉评，韩宽. 单剪试验试样应力状态与破坏模式 [J]. 山东大学学报 (工学版)，2022，52 (4)：201－209.

[82] 赵瑾汶. 气力式三七种苗定向移栽装置设计与试验 [D]. 昆明：昆明理工大学，2022.

[83] 杨启志，朱梦岚，贾翠平，等. 穴盘苗高速移栽机吊杯式栽植器膜上成穴性能仿真与试验 [J]. 中国农机化学报，2022，43 (7)：1－7.

[84] 闫海军. 农机化深松整地技术注意事项 [J]. 新农业，2022 (12)：75.

[85] 田辛亮. 黑土区玉米秸秆混埋还田技术及其配套关键部件研究 [D]. 长春：吉林大学，2022.

[86] 高连龙. 深松过程中玉米秸秆运动研究及深松铲的设计 [D]. 哈尔滨：东北农业大学，2022.

[87] 刘子铭. 液肥靶向深施装置设计与试验研究 [D]. 哈尔滨：东北农业大学，2022.

[88] 单宇茜. 不同土壤耕作技术对土壤理化性状及玉米产量的影响 [D]. 太原：山西农业大学，2022.

[89] 李浪. 有机肥撒施机的设计与试验 [D]. 太原：山西农业大学，2022.

[90] 黄金路. 气压式玉米精量排种器的设计与试验 [D]. 成都：四川农业大学，2022.

[91] 陈金楚. 基于 EDEM－Fluent 耦合的气爆松土效果仿真分析与试验 [D]. 扬州：扬州大学，2022.

[92] 尹志平. 基于鼹鼠爪趾结构仿生除草铲的设计与试验研究 [D]. 长春：吉林大学，2022.

[93] 马超. 东北玉米区深施肥带状耕作装置设计与试验 [D]. 北京：中国农业机械化科学

研究院, 2022.

[94] 苗佳峰. 除沙车仿生推沙板设计及减阻耐磨分析 [D]. 石家庄：石家庄铁道大学, 2022.

[95] 李清超. 液压翻转犁犁壁减黏降阻优化设计与试验 [D]. 石河子：石河子大学, 2022.

[96] 白晋. 农机深松作业智能监测系统 [D]. 太原：中北大学, 2022.

[97] 王桂英. 对深松机机组油耗和牵引力的测试 [J]. 当代农机, 2022 (5)：35 – 36.

[98] 全国农业机械标准化技术委员会. 振动深松机：GB/T 24676—2021 [S]. 北京：中国标准出版社, 2021.

[99] 李明军, 于家川, 王仁兵, 等. 液压强迫式振动深松单体作业参数优化与试验 [J]. 农机化研究, 2022, 44 (10)：97 – 107.

[100] 孙梦遥, 徐岚俊, 宫少俊, 等. 农机深松整地作业远程监控技术示范应用与效果评价 [J]. 农业工程, 2021, 11 (12)：30 – 34.

[101] 李庆, 王玉凤, 张翼飞, 等. 耕作方式对三江平原玉米土壤结构及产量的影响 [J]. 中国土壤与肥料, 2021 (6)：95 – 103.

[102] 赵西哲, 张瑞星, 张二栓, 等. 灭茬深松旋耕整地联合作业机机架有限元分析及优化 [J]. 河北农机, 2021 (12)：8 – 9.

[103] 刘伟, 丁强. 保护性耕作技术推广及应用 [J]. 现代农村科技, 2021 (12)：53.

[104] 周凤春. 联合整地机生产作业优势与应用注意事项 [J]. 农机使用与维修, 2021 (12)：81 – 82.

[105] 李亚丽, 曹中华, 湛小梅, 等. 果园凿型铲式深松机优化设计与试验 [J]. 农业机械学报, 2021, 52 (S1)：19 – 25.

[106] 刘贱志, 滕伟福. 黏性土剪切过程中微观力学响应与细观参数的影响分析 [J]. 安全与环境工程, 2021, 28 (6)：67 – 77, 83.

[107] 万里鹏程, 李永磊, 苏辰, 等. 基于 EEPA 接触模型的土壤耕作特性模拟及颗粒球型影响分析 [J]. 中国农业大学学报, 2021, 26 (12)：193 – 206.

[108] 王鹏宇, 梁春英, 李普, 等. 基于 EDEM 的垂直螺旋式排肥器性能模拟试验 [J]. 南方农机, 2021, 52 (20)：1 – 3.

[109] 韩伟, 王绍宗, 张倩, 等. 基于 JKR 接触模型的微米级颗粒离散元参数标定 [J]. 中国粉体技术, 2021, 27 (6)：60 – 69.

[110] 宋少龙, 汤智辉, 郑炫, 等. 新疆棉田耕后土壤模型离散元参数标定 [J]. 农业工程学报, 2021, 37 (20)：63 – 70.

[111] 惠阳, 刘贵民, 杜建华, 等. 基于第三体的制动材料摩擦磨损行为研究进展 [J]. 材料导报, 2021, 35 (19)：19153 – 19160.

[112] 黄志鹏. 颗粒特性对粒状材料的中小应变动力特性影响 [D]. 杭州：浙江大学, 2021.

[113] 吴正阳, 谢方平, 梅玉茹, 等. 农业领域离散元法 (DEM) 参数标定现状与发展 [J]. 农业工程与装备, 2021, 48 (4)：7 – 18.

[114] 孟斌. 中耕深松起垄培土联合作业机的研制 [J]. 农业科技与装备, 2021 (4)：37 – 38.

[115] 南轩，刘艳慧，孙语晨，等. 土壤渗流中渗透系数与液桥力关系研究 [J]. 土壤通报，2021, 52 (2)：322 - 327.

[116] 张闯闯，马臻，王俊发，等. 基于离散元法的犁铲磨损特性研究 [J]. 现代农业装备，2021, 42 (1)：25 - 29.

[117] 李忠祥，陈勇. 自动化农用机械深松整地作业技术的应用和探讨 [J]. 农业工程技术，2020, 40 (36)：57 - 58.

[118] 孙士明，靳晓燕，庞爱国，等. 大型耕整播种机械节能增效机械化技术模式试验研究 [J]. 农机化研究，2021, 43 (10)：110 - 114, 120.

[119] 张斌，沈从举，李承明，等. 自激振动深松机关键部件仿真设计及试验 [J]. 农机化研究，2021, 43 (10)：51 - 57, 63.

[120] 张少钧，白聚德，张晓雷. 旋耕深松深耕土地耕整方式的适宜选择 [J]. 河北农机，2020 (12)：10 - 11.

[121] 李文浩. 农机深松整地技术的应用与推广 [J]. 农业开发与装备，2020 (11)：22 - 23.

[122] 孙作平. 探究玉米保护性耕作技术及相关机具应用 [J]. 种子科技，2020, 38 (22)：139 - 140.

[123] 毛雷，王鹏飞，杨欣，等. 振动式果树根系断切装置设计与试验 [J]. 农业机械学报，2020, 51 (S1)：281 - 291.

[124] 袁军，于建群. 基于 DEM - MBD 耦合算法的自激振动深松机仿真分析 [J]. 农业机械学报，2020, 51 (S1)：17 - 24.

[125] 丛聪，王天舒，岳龙凯，等. 深松配施有机物料还田对黑土区坡耕地土壤物理性质的改良效应 [J]. 中国土壤与肥料，2021 (3)：227 - 236.

[126] 郑侃，刘国阳，夏俊芳，等. 振动技术在耕种收机械中的应用研究进展与展望 [J]. 江西农业大学学报，2020, 42 (5)：1067 - 1077.

[127] 牛翰卿，王晓莉，王玉刚，等. 热处理工艺对 ZG65Mn 深松铲组织和性能影响 [J]. 铸造技术，2020, 41 (10)：910 - 912.

[128] 梁立荣. 论机械深松整地作业技术的应用与探讨 [J]. 农机使用与维修，2020 (10)：144 - 145.

[129] 周子军. 农业机械化深松技术在北票地区的推广与应用 [J]. 现代农业，2020 (10)：56.

[130] 郑引玲. 保护性耕作对土壤肥力的影响分析 [J]. 农机科技推广，2020 (9)：39 - 41.

[131] 王向丽，魏巍. 保护性耕作与有机旱作农业 [J]. 当代农机，2020 (9)：77 - 79.

[132] 庞靖，郑慧娜，杜新武，等. 深松土壤气压式孔隙度检测装置：CN201810208868.9 [P]. 2018 - 08 - 24.

[133] 赵举文，李兴国，张印生. 马铃薯动力深松机的设计研究 [J]. 现代化农业，2020 (9)：70.

[134] 石金杉，齐浩凯，孙富才，等. 深松防堵分层施肥铲优化设计与试验 [J]. 河北农业大学学报，2020, 43 (5)：96 - 102.

[135] 赵淑红, 刘汉朋, 杨超, 等. 玉米秸秆还田交互式分层深松铲设计与离散元仿真 [J]. 农业机械学报, 2021, 52 (3): 75-87.

[136] 刘飞, 林震, 张涛, 等. 玉米根茬残膜回收机的离散元模拟及性能试验 [J]. 农机化研究, 2020, 42 (12): 156-160.

[137] 邹响文. 农机深松整地智能监测装备系统应用分析 [J]. 江苏农机化, 2019 (6): 26-28.

[138] 张吉营. 1SX-2/3/5/7 系列深松整地机的试验研究 [J]. 农业科技与装备, 2019 (6): 19-20.

[139] 李敏通, 马甜, 刘志杰, 等. 深松铲工作载荷测试与载荷谱编制 [J]. 中国农机化学报, 2019, 40 (11): 1-8, 19.

[140] 陈德春. 中耕深松蓄水保墒技术 [J]. 新农业, 2019 (21): 19-20.

[141] 杨少奇, 张磊, 孟长伊, 等. 悬挂式深松机耕深监测系统的设计与试验 [J]. 价值工程, 2019, 38 (31): 246-247.

[142] 仇从宇. 农机深松整地技术探究及其推广应用 [J]. 农业开发与装备, 2019, (10): 149, 151.

[143] 薛忠, 赵亮, 王凤花, 等. 基于离散元法的螺旋式排肥器性能模拟试验 [J]. 湖南农业大学学报 (自然科学版), 2019, 45 (5): 548-553.

[144] 李阳, 冯明大, 郭晓云, 等. 深松作业远程监测系统研究与应用 [J]. 农业工程, 2019, 9 (10): 32-37.

[145] 金慧芳, 史东梅, 宋鸽, 等. 红壤坡耕地耕层质量特征与障碍类型划分 [J]. 农业机械学报, 2019, 50 (12): 313-321, 340.

[146] 王玉芹. 农机深松作业技术要点探讨 [J]. 现代农业研究, 2019 (10): 146-147.

[147] 马阳, 吴敏, 王艳群, 等. 不同耕作施肥方式对夏玉米氮素利用及土壤容重的影响 [J]. 水土保持学报, 2019, 33 (5): 171-176.

[148] 郑侃. 耕整机械土壤减黏脱附技术研究现状与展望 [J]. 安徽农业大学学报, 2019, 46 (4): 728-736.

[149] 张东光, 左国标, 佟金, 等. 蚯蚓仿生注液沃土装置设计与试验 [J]. 农业工程学报, 2019, 35 (19): 29-36.

[150] 祁玲. 智能农机技术在有机旱作农业中的发展与应用 [J]. 当代农机, 2019 (9): 61-63.

[151] 李健, 郭颖杰, 王景立. 苏打盐碱地深松铲阻力测量 [J]. 吉林农业大学学报, 2020, 42 (5): 587-590.

[152] 张富贵, 孙效荷, 吴雪梅, 等. 小型自走式螺旋深耕机设计与研究 [J]. 农机化研究, 2020, 42 (5): 56-62.

[153] 赵天洛. 深松联合整地机结构设计 [J]. 南方农机, 2019, 50 (15): 55.

[154] 吴文江, 郭斌, 高占凤, 等. 基于 DEM 的沙土颗粒建模及参数标定研究 [J]. 中国农机化学报, 2019, 40 (8): 182-187.

[155] 罗文华，肖宏儒，马方，等. 3ZFS – 520 型中耕深施肥机施肥铲仿真分析与试验 [J]. 中国农机化学报，2019，40（8）：7 – 11.

[156] 姚强. 联合整地机的应用特点及使用注意事项 [J]. 农机使用与维修，2019（8）：75.

[157] 杨艳丽，石磊，张兴茹. 机械化深耕深松技术应用及机具类型 [J]. 农机使用与维修，2019（8）：102.

[158] 殷延洲，崔一飞，刘定竺，等. 松散土体中细颗粒运移的微观过程研究 [J]. 工程科学与技术，2019，51（4）：21 – 29.

[159] 沈景新，焦伟，孙永佳，等. 1SZL – 420 型智能深松整地联合作业机的设计与试验 [J]. 农机化研究，2020，42（2）：85 – 90.

[160] 张锋伟，宋学锋，张雪坤，等. 玉米秸秆揉丝破碎过程力学特性仿真与试验 [J]. 农业工程学报，2019，35（9）：58 – 65.

[161] 史乃伟，李飒，刘小龙，等. 粗砂直剪试验与离散元细观机理分析 [J]. 科学技术与工程，2019，19（5）：261 – 266.

[162] 戴飞，宋学锋，赵武云，等. 全膜双垄沟覆膜土壤离散元接触参数仿真标定 [J]. 农业机械学报，2019，50（2）：49 – 56，77.

[163] 殷剑江，李蓉，俞涌. 工作部件覆盖率对深松作业质量影响 [J]. 农机科技推广，2017（4）：45 – 47.

第 7 章　深松技术装备研究现状及发展趋势

在未来，随着人口的增长和消费水平的不断提高，我国对粮食产量的要求也将越来越高。而在传统农业生产中，为了取得较高的单位面积粮食产量、提高农业生产效益，化肥与农药的用量增加、农业机械的大量使用与翻耕，均造成了土壤理化结构的改变，土壤团聚体结构遭到破坏，蓄水保墒能力下降，土壤板结与硬化也造成了土壤透气性与透水性降低，严重影响了土壤环境与作物生长，最终导致作物产量逐年下降。保护性耕作技术的推广与应用提高了土壤质量，土壤的自我修复能力逐渐提高，对于作物生长起到了良好的推动作用。在土壤保护层面，改善了土壤理化结构，降低了土壤表层的水土流失，减少了农业机械的使用，在实现资源循环利用的同时提高了农业生产收益，是目前农业绿色、高效、可持续发展的主要技术之一。深松作为少耕、免耕的重要作业模式，在我国已经得到了广泛的应用。这种耕作方法不仅可以打破犁底层，使耕作层增厚，而且可以大大提高土壤的通透性和蓄水保墒能力，使作物的根系发展空间得到极大扩展，进而提高粮食产量。本书通过前面的章节详细阐述了作者及其团队在降低深松关键部件——深松铲的耕作阻力和提高耐磨性方面的研究成果，主要是基于仿生学原理，将自然界中某些生物体表组织或器官所具有的优良的减阻和耐磨特性应用于深松铲结构设计，实现了深松铲耕作阻力显著减小而耐磨性显著提高的目标。研究成果应用于生产实际将使深松铲使用寿命显著延长，有利于降低农业生产成本。随着深松技术的应用越来越广泛，深松技术及装备研究的新成果不断涌现，研究内容也更加深入，为我国保护性耕作技术的发展注入了新的活力。

7.1　深松技术装备研究现状

7.1.1　国外深松技术装备研究现状

国外对深松农业机械的研究较早，欧美国家及苏联在 20 世纪初就已经开始了对深松作业机具的全面研制，技术及装备也较为全面。特别是一些欧美国家，由于作为动力源的拖拉机技术先进、功率大，所以深松机械发展迅速，主要以大型化、联合作业为主。例如，OPICO 公司生产的 HE – VA 型凿式深松机，耕幅范围为 2.5～4m，在深松铲上方加装安全销，在作业过程中遇到石块、坚硬土块等可以保护深松铲不被破坏。约翰迪尔（John Deere）公司开发的 915V 型翼铲式深松机，可以安装 5～13 个深松铲进行田间作业，实现全面深松与间隔深松，深松后的土壤较为疏松，地表平整，最大耕深可以达到 60cm，需要与 330kW 的拖拉机配套使用。日本作为一个岛国，也开发了一系列的深松机械。日本川边农研株式会社生产的 SVS –60 多功能振动式深松机结构紧凑、便于安装、生产成本较低，深松铲最大作业深度可以达到 70cm，可以应用于连续多年的坚硬犁底层、黏质土壤，可以实现丘陵与斜坡的田间作业，在疏松土壤的同时可以在底部形成鼠洞。该设备属于日本自主研发的专利产品，在国内外仍无同类产品。德国 LEMKEN 公司研制的 Dolomit 9 型多功能深松机适用于各种类型土壤的深松作业，如图 7-1 所示。该深松机可以在动力驱动耙或播种机前组合形成联合作业机，这样只需一遍作业就可直接播种。与其他耕整地设备组合作业时，该深松机的工作深度可单独调节。其一体式翼形铲的铲尖经过硬化处理，可对整个工作宽度的土壤进行深松。

　　丹麦禾沃（HE – VA）公司开发了 Combi – Tiller 联合深松机，如图 7-2 所示。该深松机的作业深度可达 400mm，可根据拖拉机的实际牵引力选择 3～8 个数量不等的深松铲挂载数量。其载齿间距可根据实际工作情况进行调节，具有三种可选择的过载保护方式：安全螺栓、"快推"安全螺栓及液压自适应式。其独特的禾沃齿尖设计，既节省动力，深松效果又好，还可实现与其他三点悬挂和牵引式机具的挂接，从而实现联合作业。

　　美国大平原（Great Plains）公司生产的大平原 SS1300A 型深松机，如图 7-3 所示。该深松机对土壤的适应性比较强，可挂载深松铲数量达到 5～6 个，铲间距可调，作业深度可达 450mm。这种深松机装有一种自动防过载的深松铲，能够使深松铲在土壤中运动时形成持续的波浪效应，使犁底层形成开裂。表面土壤看不到任何痕迹，而坚硬的犁底层已经被全方位的破碎。这样，深松后的地表依然平整，植被覆盖完整，实际的作业效果是，不但能够深松土地，还能最大限度地减少土壤跑墒。其特殊的设计，使得该深松机即使在大量玉米秸秆的田地作业，也不会产生堵塞。如果需要秸秆还田，同时又要达到深松的效果，大平原公司的 TURBO – CHISEL 深松耙茬联合整地机则提供了新的解决方案。这种机具的设计是，前排安装垂直涡轮耙盘，能强有力地切割秸秆，防止作业堵塞，中部是一套深松铲，后部可选装叶轮碎土辊或平土耙条。

　　法国格力格尔 – 贝松（GREGOIRE – BESSON）公司生产的贝松 SUBSOILER 系列深松机，如图 7-4 所示。该型深松机的作业深度可达 700mm，深松铲的保险

图 7-1　德国 LEMKEN 公司研发的 Dolomit 9 型深松机

形式分为螺栓保险式（见图 7-4a）和液压不停机保险式（见图 7-4b）两种。深松铲下端采用高强硅锰钢材质的齿尖镐套式设计，可根据深松铲尖的磨损程度随时便捷更换，大大提高了机械维修保养的效率。该型深松机不仅作业深度大，且深松效果均匀，不混乱上下土层结构。独特的铲形结构设计使得整个工作深度上的土壤形成开裂，且在土壤表面不留深刻痕迹，不会将板结坚实的土块翻到表土层，细土层和作物残茬被保留在地表，从而降低了土壤流失、侵蚀的风险。

　　上述机型是目前国内外应用较为广泛的几种类型。除此之外，美国的约翰迪

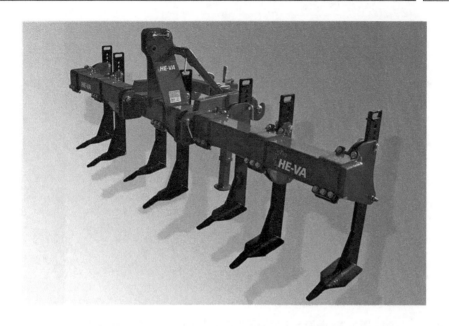

图7-2　丹麦禾沃公司的 Combi – Tiller 联合深松机

尔（JOHN DEERE）公司、法国的库恩（KUHNKUHN）公司、德国的普劳恩德（PLAUERN）公司、总部位于挪威的格兰（KVERNELAND）公司等，均研发了技术精湛的深松机具投放市场。

图 7-3　美国大平原公司生产的大平原 SS1300A 型深松机

a)

图 7-4　法国格力格尔 – 贝松公司生产的贝松 SUBSOILER 系列深松机

a）螺栓保险式

b)

图 7-4 法国格力格尔 – 贝松公司生产的贝松 SUBSOILER 系列深松机（续）

b）液压不停机保险式

7.1.2 我国深松技术装备研究现状

我国对深松技术的研究起步较晚。从 20 世纪 60 年代开始，在不断引进国外先进机型及技术的基础上，针对我国农业生产现状和特点，科研人员进行了关键技术的研发，对深松铲的结构和组合方式等进行了广泛而深入的研究，开发出了一系列机型和关键部件，形成了具有自主知识产权的产品，制定了相应的国家和行业标准。同时，在深松新技术、关键部件设计、试验研究及研究方法等方面也做了大量的工作，积累了丰富的研究成果。

新疆农垦科学院的谭新赞等人，基于自激振动深松减阻原理，研制了 1SZL – 300 型振动深松整地联合作业机，如图 7-5 所示。

该设备作业过程中，通过土壤阻力的变化令弹簧压缩变形，不断地产生自激振动，能够有效打破犁底层，深松土壤，并通过钉齿式碎土辊平整地面。对整机及关键部件的结构进行了优化设计，探讨了振动深松部件单体和激振弹簧选型对深松作业效果的影响，分析了深松铲入土受力及自激振动减阻原理。结果表明，弹簧自激振动能够有效减小牵引阻力。在自激振动条件下，当样机深松深度（耕

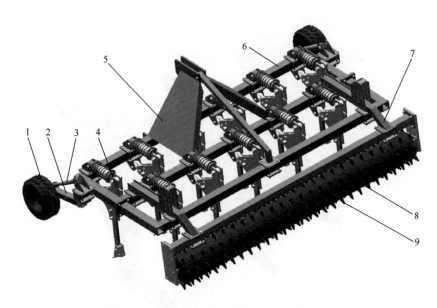

图 7-5 1SZL-300 型振动深松整地联合作业机

1—行走轮 2—行走轮架 3—液压机构 4—深松部件 5—牵引架 6—机架

7—支架 8—碎土辊 9—碎土齿

深）为 382mm 时，深松耕深稳定性系数可达 96.8%，土壤膨松度为 28.6%，土壤扰动系数为 67.5%，地表 100mm 内碎土率达 62.8%，样机在平均作业速度为 7.1km/h 时的纯工作生产率为 2.2hm²/h，深松整地联合作业效果良好。

吉林大学的路云基于穴兔优异的土壤挖掘功能，以其前上肢为仿生原型，通过模仿其独特的机构形式，创新设计出仿穴兔前上肢的仿生储能 – 仿形深松装置（见图 7-6），并采用 DEM – MBD 耦合仿真技术和田间验证试验揭示了其功能优势机理。

对仿生储能 – 仿形深松装置与传统振动深松装置开展田间验证对比试验。不同作业速度条件下，与传统振动深松装置相比，仿生储能 – 仿形深松装置的深松油耗降低了 26.5% ~ 29.2%，深松阻力降低了 19.9% ~ 27.2%。在相同作业条件下，仿生储能 – 仿形深松装置的土壤扰动比率和耕深稳定性均优于传统振动深松装置。此外，使用上述两种深松机具对同等性状地块进行深松作业后发现，使用仿生储能 – 仿形深松装置作业后的土壤在第二年春播时的含水率明显高于传统振动深松装置深松过的地块。

辽宁省农业机械化研究所的高占文设计了一款 1SX – 3000 型深松机及其核心部件深松铲，如图 7-7、图 7-8 所示。通过调整深松铲柄与深松铲固定板上相应孔的不同配合位置，以及限深碎土连接板与限深碎土机构调节孔的不同配合位置，

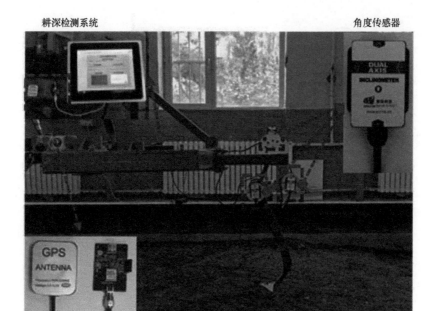

耕深检测系统　　　　　　　　　　　　　　　　角度传感器

GPS模块

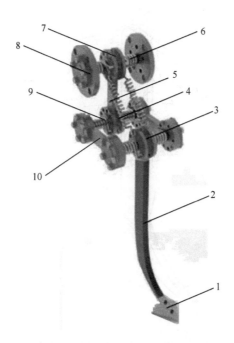

图 7-6　仿生储能 – 仿形深松装置

1—铲尖　2—铲柄　3、4、7—铰接机构　5、10—连杆　6—转矩弹簧　8—固定法兰　9—转动轴

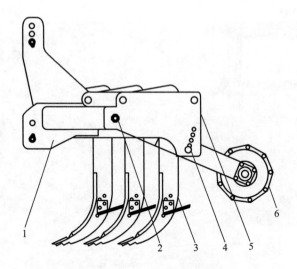

图 7-7 1SX-3000 型深松机结构

1—机架 2—限深碎土机构铰接轴 3—深松机构 4—限深碎土机构调节轴

5—限深碎土机构外板 6—限深碎土机构

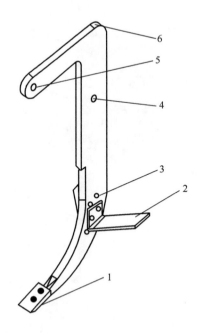

图 7-8 1SX-3000 型深松机深松铲结构

1—铲尖 2—翼板 3—翼板调节孔 4—安全连接孔 5—铰接连接孔 6—铲柄

可以实现深松作业的耕深调整。该深松机采用安全销损坏式过载保护方式,当机具遇超载荷时,安全销被剪断,深松铲绕铰接销向后转动,实现对机具的安全保护。深松机的深松铲组件采用人字形左右对称排列,能够在秸秆覆盖条件下对土壤进行松土改良,满足秸秆覆盖条件下深松作业的农艺要求。

1SX – 3000 型深松机的田间试验结果表明:深松深度变异系数平均值为6.88%,深松深度稳定系数平均值为93.12%,碎土率平均值为37.07%,土壤蓬松度平均值为35.59%,土壤扰动系数平均值为53.07%,各项测试指标均能满足相应的国家标准,机具性能可靠,作业效果满足设计要求。

黑龙江省农业机械工程科学研究院的孙先明等人研制开发了一种 1DS – 3600 型深松机,如图7-9所示。该深松机的核心部件深松铲采用大宽翼结构设计(见图7-10),不仅可以实现深层土壤的破碎和松动,而且可以切断作业幅宽内的杂草根茎,间接具有除草的功能,且宽翼大略角的结构设计避免了杂草的缠绕对土壤深松效果及深松铲工作效率的影响。

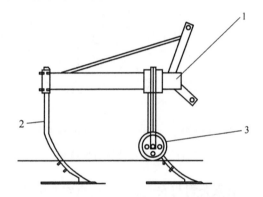

图 7-9　1DS – 3600 型深松机结构简图
1—机架　2—深松铲部件　3—限深轮装置

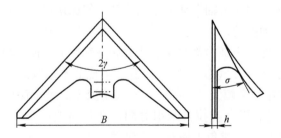

图 7-10　宽翼大略角深松铲

吉林大学的袁军基于 DEM – MBD 耦合法,对自激振动深松机的作业过程进行了仿真分析与试验研究。他在详细分析了传统的离散元法在模拟深松机作业过程中存在的一系列问题，尤其是土壤颗粒模型的力学参数问题的基础上，提出了一种湿颗粒接触力学模型，用于具有一定含水率的受压土壤深松过程的模拟，如图 7-11 所示。同时，设计开发了具有完全自主知识产权的计算多体系统动力学（MBD）求解器及 DEM－MBD 耦合算法，填补了我国在该领域的空白。袁军利用自行设计开发的湿颗粒模型、MBD 求解器和 DEM－MBD 耦合算法对自激振动深松机与土壤相互作用的动力学响应进行了模拟，并与 1S－300 型自激振动深松机与土壤相互作用系统进行了对比分析，结果表明，模拟结果与实际作业的结果一致。该结果证明了其提出的湿颗粒模型、MBD 求解器及 DEM－MBD 耦合算法的可靠性。

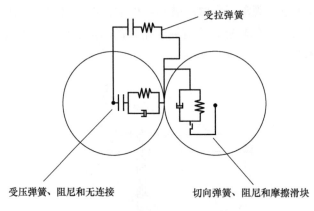

图 7-11　湿颗粒接触力学模型

　　湖北双兴智能装备有限公司与农业农村部南京农业机械化研究所等单位联合研制开发了一款适宜大棚内深松作业的新型振动式深松机，即 1SZ－140A 型振动式深松机，如图 7-12 所示。

　　该深松机通过动力输出轴带动偏心轴旋转，使深松铲以一定的频率进行上下往复运动而形成主动振动，从而打破犁底层，并形成气孔，可从根本上改善土壤排水不良的状况，提高土壤的蓄水保墒能力和通气性能，使土壤形成理想的三相（固态 50%，液态 40%，气态 10%）构造，实现节本增收。单个深松铲振动影响范围为 70cm 的振动宽幅及 35～65cm 的振动深度。每个深松铲后挂有"鼠道器"，在土壤深松后，沿着拖拉机牵引方向，在距离地面 30～60cm 的深度拖出直径 35mm 的排水暗渠，避免土壤在大雨漫灌后无法排水而导致内涝。使用该振动式深松机作业后的大棚蔬菜发芽状态良好，苗期生长均衡，在大棚内产生蒸汽雾（破碎土壤的土壤温度高，会产生水分蒸发造成的蒸汽）。1SZ－140A 型振动式深松机能够有效降低设施大棚深层土壤的坚实度和容重，解决大棚土壤犁底层

图 7-12　1SZ－140A 型振动式深松机
1—偏心振动装置　2—机架　3—深松铲柄　4—鼠道器

障碍、消除土壤板结，改善土壤的物理状况，提高土地生产力，对促进农户增产增收具有较高的推广应用价值。该装备与旋耕联合作业的实际效果表明，与普通旋耕起垄相比，振动深松＋旋耕起垄能够有效改善大棚土壤的物理状况，耕作层在 0～30cm 时，针对深松＋旋耕起垄优势不明显，但耕作层在 30～40cm 时，振动深松地块土壤坚实度下降幅度达 30.37%，土壤容重明显降低，蓄水保墒能力有效增强，作物亩产量增加 24.98%。由此说明，该机型具有较高的实用推广价值。

　　除此之外，我国还有很多科研院所、企业、高校等都在深松技术装备方面开展了大量的研究工作，填补了很多国内外在该领域的空白，也为我国农业机械技术装备的发展积累了宝贵经验和技术储备。

7.2　深松技术装备的未来发展趋势

　　伴随着科学技术的不断进步，农业机械的发展也越来越迅猛，新技术、新机型、新方法、新工艺等不断涌现，农业技术装备迎来了新的发展机遇期。深松机械技术装备作为农业机械中的重要组成部分，也必将进入全新的发展时代。而且，随着世界范围内对土地保护性耕作的重视程度越来越高，深松技术应用也变得越来越广泛。尤其是我国，由于以前对水土保护的重视程度不够，导致很多地区的水土流失比较严重，个别地区的土地状况堪忧，不仅土地数量在逐年下降，且现有的土地质量也变得越来越差，可耕性降低，最终结果就是作物产量明显下降。为了解决上述问题，提高土地利用率，近年来国家提出了对土地的保护性耕作，其中包括秸秆还田、联合作业、免耕播种、少耕免耕等一系列措施，其中深松作为少耕免耕的重要形式，已经成了保护性耕作的重要组成部分。同时，随着计算机技术、传感器技术及人工智能技术的不断推进，农业机械正在向自动化、智能化方向发展。

未来，深松技术装备发展趋势将向着田间自动化及智能化、提高工作效率、提高作业质量的方向发展。随着机器视觉技术的普遍应用，其也将被应用到深松机的研制中，结合 GPS 导航技术、传感器技术、视觉识别技术等对深松机械进行行驶路径设定，依靠机器视觉技术，通过高速摄像机及图像采集技术对试验区域周围环境进行分析，采用视觉识别技术可以提高传统 GPS 导航技术的定位缺陷，提高深松机械在田间运行的精准度和时效性，从而提高农业深松机械的工作效率。

"深松+"的联合作业模式也将得到更广泛的应用。例如，深松+秸秆还田、深松+耕整地（旋耕、碎土、平地、起垄等）、收获+深松等联合作业模式，不仅可以实现一次进地完成多项作业，避免了机具对土壤的压实，同时也大大降低了农业生产能耗，节能降耗增收效益明显。

针对不同的土壤类型，开发适合的技术装备也将成为一项新的研究内容。例如，我国西部和西北地区土质主要是沙壤土，其土质颗粒度比较大，对作业机具的触土部件磨损严重，因此，对提高深松机具的耐磨性要求较高；而东北地区主要以壤土和少量的沙壤土为主，土质颗粒度较小，而黏度较大，作业机具的耕作阻力增加，因此如何降低深松机具的耕作阻力将成为研究的焦点问题。

除此之外，现代传感器技术、材料技术、表面技术、仿生技术、热处理工艺、先进试验方法、数据及模拟分析技术等都将在深松技术装备的未来发展中得到广泛的应用。

参 考 文 献

[1] 谭新赞，沈从举，代亚猛，等. 1SZL-300 型振动深松整地联合作业机的研制 [J]. 新疆农业科学，2023，60（10）：2566-2573.

[2] 路云. 仿生储能-仿形深松装置设计与试验研究 [D]. 长春：吉林大学，2023.

［3］曲小明，于洪雷. 农业深松机械的研究现状与发展趋势 ［J］. 农机使用与维修，2022
　　（10）：55 - 57.

［4］秦猛，董全中，薛红，等. 我国保护性耕作的研究进展 ［J］. 河南农业科学，2023，52
　　（7）：1 - 11.

［5］高占文. 1SX - 3000 型深松机设计与试验研究 ［J］. 农机化研究，2024，46（3）：105 - 109.

［6］孙先明，孙锦秀，马君，等. 1DS - 3600 型深松机的研究设计 ［J］. 农机使用与维修，
　　2020（2）：25 - 26.

［7］袁军. 基于 DEM - MBD 耦合的自激振动深松机作业过程仿真分析与试验研究 ［D］. 长
　　春：吉林大学，2023.

［8］袁军，于建群. 基于 DEM - MBD 耦合算法的自激振动深松机仿真分析 ［J］. 农业机械学
　　报，2020，51（S1）：17 - 24.

［9］董向前，苏辰，郑慧娜，等. 基于 DEM - MBD 耦合算法的振动深松土壤扰动过程分析
　　［J］. 农业工程学报，2022，38（1）：34 - 43.

［10］王博，于哲舟，袁军，等. 基于 MBD 和 DEM 耦合的新型 CAE 软件 ［J］. 吉林大学学
　　报（理学版），2020，58（2）：371 - 378.

［11］汪远洋，张毅，付晓星，等. 1SZ - 140A 振动式深松机试验研究 ［J］. 农业开发与装
　　备，2021（8）：145 - 147.

［12］高连龙. 深松过程中玉米秸秆运动研究及深松铲的设计 ［D］. 哈尔滨：东北农业大
　　学，2022.

［13］陈伟，曹光乔，袁栋，等. 农田耕整阻力测试方法现状及发展趋势 ［J］. 中国农机化学
　　报，2023，44（11）：21 - 25.

［14］孙文良，李光，李明森，等. 浅析条耕机研究现状与发展趋势 ［J］. 农业与技术，
　　2023，43（20）：51 - 55.

［15］冯健. 我国旋耕机械产品特点及发展趋势 ［J］. 农业开发与装备，2019（9）：99 - 100.

［16］王凯. 农业机械与信息技术融合发展现状与方向 ［J］. 农业工程技术，2023，43（17）：
　　64 - 65.

［17］贾中原，贾曼曼. 中国农业机械化发展概述 ［J］. 南方农机，2023，54（11）：73 - 76.

［18］温永涛. 农业机械机电一体化在现代农业中的应用与发展趋势 ［J］. 农机使用与维修，
　　2023（8）：111 - 113.

［19］李昊轩. 浅谈农业机械智能化应用发展现状与展望 ［J］. 农业技术与装备，2023（7）：
　　131 - 133.

［20］刘晓峰. 农业机械自动化在现代农业中的应用与发展策略 ［J］. 农业工程技术，2023，
　　43（20）：59 - 60.

［21］庞以平. 农业生产机械设备安全监管现状及对策 ［J］. 农村实用技术，2023（7）：
　　117 - 118.

［22］王艳平. 自动控制技术在农业机械中的应用探究 ［J］. 农机使用与维修，2023（7）：
　　87 - 89.

[23] 孙亮. 新形势下农业机械新技术推广应用研究 [J]. 河北农机, 2023 (13): 73 – 75.

[24] 张峻青. 新型农业机械推广对农业发展的影响研究 [J]. 河北农机, 2023 (13): 85 – 87.

[25] 王建华, 万承凯. 浅析江西薯类机械化种植现状与趋势 [J]. 南方农机, 2023, 54 (14): 80 – 82.

[26] 刘小龙, 王国强, 刘娜, 等. 设施农业机械发展现状及趋势分析 [J]. 农业技术与装备, 2022 (3): 61 – 62.

[27] 沈娟娟, 黄天佑, 石芳权. 智能管理技术在农业机械化生产中的应用 [J]. 农业科技与信息, 2022 (3): 122 – 125.

[28] 李杰, 陈佳辰. 农业机械安全生产管理现状及对策 [J]. 南方农机, 2022, 53 (3): 173 – 175.

[29] 赵景宽. 我国农业机械环境污染现状及对策分析 [J]. 农业开发与装备, 2022 (1): 37 – 39.

[30] 陆平平. 焊接技术在农业机械中的应用与探讨 [J]. 南方农机, 2023, 54 (14): 83 – 85.

[31] 佟光霁, 王艺颖. 中国对 "一带一路" 沿线国家农业机械产品贸易潜力研究 [J]. 中国农机化学报, 2023, 44 (7): 244 – 253.

[32] 王洪圣, 张金华. 水稻栽培技术与农业机械对水稻高产的影响探析 [J]. 种子科技, 2023, 41 (20): 59 – 61.

[33] 周贵富. 机器视觉在农业机械导航技术上的应用研究 [J]. 中国设备工程, 2023 (20): 236 – 238.

[34] 窦永贵, 王倩. 数字化技术在农业机械中的应用研究 [J]. 当代农机, 2023 (10): 38 – 39.

[35] 邵伟兴, 吴瑜, 张磊, 等. 青花椒采收机自动喂入装置设计与试验 [J]. 农业技术与装备, 2023 (10): 57 – 59.

[36] 李晓宇, 范颖. 农业机械技术推广与农业结构调整研究 [J]. 南方农机, 2023, 54 (21): 196 – 198.

[37] 牟雪雷. 东北地区农业机械调配路径优化研究 [J]. 农机使用与维修, 2023 (10): 89 – 91.

[38] 都在玉. 自动控制技术对农业机械的促进作用 [J]. 农机使用与维修, 2023 (10): 76 – 78.

[39] 付洪立. 农机合作社农业机械的保管与维护研究 [J]. 农业开发与装备, 2023 (9): 224 – 226.

[40] 崔彦. 计算机辅助技术在农业机械设计中的应用研究 [J]. 南方农机, 2023, 54 (20): 81 – 83.

[41] 海佛成. 农业机械自动化技术的应用与推广策略分析 [J]. 当代农机, 2023 (9): 28 – 29.

[42] 李静松. 一种打捆机的设计与研究 [J]. 农业科技与装备, 2023 (5): 41 – 45.

[43] 徐垚. 自动化控制技术在农业机械中的应用 [J]. 河北农机, 2023 (18): 28 – 30.

[44] 孙艳艳. 农业机械节能与环保技术研究与应用 [J]. 河北农机, 2023 (18): 16 – 18.

[45] 李慧, 何腾飞, 刘虎, 等. 丘陵山地甘薯膜上仿形扦插移栽机研制 [J]. 农业工程学报, 2023, 39 (16): 26 – 35.

[46] 田超, 程爽, 邢志鹏, 等. 麦秸秆全量还田下耕整地方式对机插水稻产量和品质的影响

[J]. 农业工程学报, 2023, 39 (15): 46-56.

[47] 吴晓童, 张颖. 人工智能技术在农业机械上的运用分析 [J]. 农村实用技术, 2023 (9): 115-116.

[48] 何兵. 基于智能控制的农业机械自动化系统设计与实现 [J]. 农机使用与维修, 2023 (9): 34-37.

[49] 付洪立. 农业机械技术推广存在的问题及对策研究 [J]. 农业开发与装备, 2023 (8): 36-38.

[50] 吴均毅, 王毅, 熊平原, 等. 油茶果机械化脱壳装置研究现状及展望 [J]. 食品与机械, 2023, 39 (8): 208-217.

[51] 欧国钦. 农业机械典型零件的检测技术 [J]. 河北农机, 2023 (16): 15-17.

[52] 魏忠彩, 王业炜, 李学强, 等. 弹性揉搓式马铃薯联合收获机设计与试验 [J]. 农业工程学报, 2023, 39 (14): 60-69.

[53] 徐文超. 农业机械自主导航技术研究及其在作物种植中的应用 [J]. 农业工程技术, 2023, 43 (20): 39-40.

[54] 袁辉. 农业机械在农作物种植中的作用 [J]. 河北农机, 2023 (12): 28-30.

[55] 陈泫月, 郭林杰, 袁旭, 等. 丘陵山区水稻生产全程机械化关键技术应用研究 [J]. 河北农机, 2023 (11): 46-48.

[56] 钱鹏. 关于做好农机维修技术研究工作的思考 [J]. 江苏农机化, 2023 (3): 44-46.

[57] 夏利利, 卞兆娟, 董安奇. 电动农机移动充电设备设计 [J]. 电器与能效管理技术, 2023 (5): 45-50.

[58] 辛尚龙, 赵武云, 石林榕, 等. 立辊式玉米收获割台夹持输送装置设计与试验 [J]. 农业工程学报, 2023, 39 (9): 34-43.

[59] 张佩. 计算机虚拟技术在农业机械中的应用 [J]. 南方农机, 2023, 54 (12): 71-73.

[60] 王亚茹. 智慧农业视域下农业机械智能化技术应用发展 [J]. 农业工程技术, 2023, 43 (15): 40-41.

[61] 曲敏. 农业机械在农作物种植中的应用 [J]. 农机市场, 2023 (5): 69-70.

[62] 马驰. 基于机器视觉的农业机械避障导航算法研究 [J]. 南方农机, 2023, 54 (11): 57-60.

[63] 杨祖骁. 农业机械节能降耗的途径及其方法探析 [J]. 农村实用技术, 2023 (5): 100-101.

[64] 杨舣可, 杨梓源, 杨亦凡, 等. 一种遥控履带自走式树苗栽植机的设计 [J]. 自动化应用, 2023, 64 (9): 97-99.

[65] 卫元影. 农业机械在玉米秸秆综合利用中应用研究 [J]. 农业机械, 2023 (5): 53-55, 57.

[66] 罗锐, 余姝瑶. 农业机械智能化中的人工智能与因果关系 [J]. 农业机械, 2023 (5): 89-93.

[67] 陈梦涵. 农地流转对农业碳排放的作用机理及效应分析 [D]. 沈阳: 辽宁大学, 2023.

［68］梁港平. 铲齿－双滚筒组合式花生捡拾装置设计与试验研究［D］. 长春：吉林农业大学，2023.

［69］夏守浩. 玉豆兼用扰吸式精量排种器设计与吸附性能试验［D］. 合肥：安徽农业大学，2023.

［70］栾晓萍. 大疆农业无人机助力农业机械化发展［J］. 河北农机，2023（8）：12－14.

［71］王万帅. 双辊式甘薯秧收获机的设计与试验［D］. 泰安：山东农业大学，2023.

［72］李隽钰. 小麦农业机械自动化技术要点及优化应用实践［J］. 南方农机，2023，54（7）：80－82.

［73］苑严伟，白圣贺，牛康，等. 棉花种植机械化关键技术与装备研究进展［J］. 农业工程学报，2023，39（6）：1－11.

［74］杨金砖. 鲜食玉米智能化收获技术发展现状与展望［J］. 农机使用与维修，2023（3）：40－43.

［75］鲍国丞，王公仆，胡良龙，等. 甘薯联合收获机高度自适应集薯装置设计与优化［J］. 农业工程学报，2023，39（2）：24－33.

［76］马子奕. 农业机械自动化技术的发展及应用实践［J］. 农业技术与装备，2023（1）：83－84，87.

［77］郑娟，廖宜涛，廖庆喜，等. 播种机排种技术研究态势分析与趋势展望［J］. 农业工程学报，2022，38（24）：1－13.

［78］王相友，吕丹阳，任加意，等. 装袋型马铃薯联合收获机清选装置研制［J］. 农业工程学报，2022，38（S1）：8－17.

［79］陈玉龙，刘泽琪，韩杰，等. 气吸式排种器扁平种子吸附姿态调节机构设计与试验［J］. 农业工程学报，2022，38（23）：1－11.

［80］马春新. 农业机械中基轴制孔系零件数控加工研究［J］. 机械管理开发，2022，37（11）：295－297.

［81］孙颖慧. 农业机械设计中CAD技术的应用研究［J］. 农业技术与装备，2022（11）：92－93.

［82］钟阳，李小聪. 混合动力农业机械多功能小车的初步设计［J］. 南方农业，2022，16（22）：204－206.

［83］艾士军. 绿色制造技术在农业机械产品中的应用［J］. 农机使用与维修，2022（11）：38－40.

［84］沈惠. 农业机械设计中CAD绘图技术的应用探究［J］. 南方农机，2022，53（21）：72－74.

［85］陈有庆，王公仆，王江涛，等. 不同收获机对切秧后花生收获的适应性［J］. 农业工程技术，2022，42（30）：116.

［86］李鹏飞，秦亚凡，赵朔. CAD/CAM在新型农业机械设计制造自动化中的应用及发展分析［J］. 南方农机，2022，53（18）：38－40.

［87］刘靓葳. 人工智能算法在农业机械发展中的应用研究［J］. 南方农机，2022，53（18）：70－72.

[88] 罗雄辉，林双青，郭魏琳. 一种机械式菠萝采摘器的结构设计 [J]. 江西电力职业技术学院学报，2022，35（8）：16 – 17.

[89] 张明辉. 强化农机装备技术支撑助力蔬菜花卉种业发展 [J]. 农业机械，2022（8）：62 – 63.

[90] 张黎骅，邱清宇，秦代林，等. 大豆玉米兼用清选装置的设计与试验 [J]. 农业工程学报，2022，38（15）：21 – 30.

[91] 王金锋. 农业机械田间作业技术要求及安全生产建议 [J]. 河南农业，2022（20）：56 – 58.

[92] 崔玉焱. 农业机械在农作物种植中的应用 [J]. 热带农业工程，2022，46（3）：27 – 29.

[93] 高红军. 一种人参播种机的研制 [J]. 农业科技与装备，2022（3）：31 – 32，36.

[94] 王扬光，叶宗照，孙宜田，等. 农业机械先进技术采纳行为影响因素研究 [J]. 中国农机化学报，2022，43（5）：204 – 210.

[95] 汪长青. 新形势下农业机械新技术推广应用 [J]. 农业机械，2022（5）：63 – 65.

[96] 苑严伟，白圣贺，牛康，等. 林果机械化采收技术与装备研究进展 [J]. 农业工程学报，2022，38（9）：53 – 63.

[97] 颜成英. 新型技术在玉米农业机械中的应用研究 [J]. 南方农机，2022，53（9）：93 – 95.

[98] 赫磊，孙瑜. 农业机械中电子信息技术的应用研究 [J]. 南方农机，2022，53（9）：102 – 103，107.

[99] 毕可乔，孙立鹏，王慧，等. 沙果采摘机升降装置设计及仿真 [J]. 南方农机，2022，53（8）：13 – 15，22.

[100] 苑严伟，白圣贺，牛康，等. 智能化农业物料输送技术进展与趋势 [J]. 农业工程学报，2022，38（7）：78 – 90.

[101] 马秋成，陈强，卢安舸，等. 核桃定向破壳装置设计及试验 [J]. 江西农业大学学报，2022，44（2）：473 – 485.

[102] 穆晓彤. 我国主粮生产机械化的时空差异研究 [D]. 泰安：山东农业大学，2022.

[103] 任士虎，张烜也. 一种快速装夹多功能钵苗爪机构 [J]. 现代化农业，2022（1）：70 – 71.

[104] 张红梅，李世欣，朱晨辉，等. 新工科背景下农机专业建设提升探索 [J]. 农业开发与装备，2021（12）：91 – 92.

[105] 李金彦. 水果采收运一体化装置的研究与设计 [J]. 现代农业装备，2021，42（6）：34 – 38.

[106] 高文杰，张锋伟，戴飞，等. 果园机械化装备研究进展与展望 [J]. 林业机械与木工设备，2021，49（12）：9 – 20.

[107] 许予永. 我国农业机械行业发展综述 [J]. 农业工程，2021，11（11）：23 – 25.

[108] 郭恺彬. 设施农业中农业机械应用研究 [J]. 乡村科技，2021，12（28）：124 – 126.

[109] 林悦香，尚书旗，连政国，等. 苹果树栽植机幼苗夹持装置改进与试验 [J]. 农业工程学报，2021，37（19）：1 – 6.

[110] 李建平，边永亮，王鹏飞，等. Solidworks Flow Simulation 软件在农业机械逆向设计建

模研究生课程教学中的应用与实践 [J]. 农业与技术, 2021, 41 (18): 176 - 180.

[111] 单发科. 粉垄耕作机械的改进与深耕作业对青花菜和萝卜增产提质效果研究 [D]. 杭州: 浙江大学, 2022.

[112] 李赛君. 茶园耕作机械 [J]. 湖南农业, 2022 (2): 18.

[113] 崇兴花. 果园机械化生产技术研究进展 [J]. 农业机械, 2021 (7): 80 - 82.

[114] 郑侃, 刘国阳, 夏俊芳, 等. 振动技术在耕种收机械中的应用研究进展与展望 [J]. 江西农业大学学报, 2020, 42 (5): 1067 - 1077.

[115] 贺小兔. 土壤耕作机械引用电动油脂润滑泵的技术研究 [J]. 南方农机, 2019, 50 (10): 32.

[116] 丁文芹, 肖宏儒, 宋志禹, 等. 茶园机械耕作方式对土壤物理性状的影响 [J]. 中国农机化学报, 2019, 40 (1): 137 - 140.